天変の解読者たち

作花 一志 著

恒星社厚生閣

はじめに

日食、月食、大彗星…。

今でこそみんなで楽しめる天体ショーであり、絶好の撮影対象ですが、かつてはどの民族にとっても驚異と恐怖の天変でした。それを予知し、観測し、古の例に従ってその謎を解読し、国家の運勢を占うことは天文官の重大な任務でした。彼らが扱う天変としては惑星の離散集合や恒星への異常接近、新星・超新星の出現なども含まれます。

現在では天文学と歴史学は全く違った分野に分類されていますが、古代中国では両者は一体のものであり、天文官はすなわち歴史官でした。漢の大歴史学者である司馬遷《しばせん》をはじめ天文・歴史に携わった人は多数います。わが国では律令制度下の陰陽師がその役を担っていました。

彼らが残した天変の記録を、現在私たちはコンピュータ（ＰＣ）によって検証することができます。ハードウェアの向上と並んで各種フリーソフトの充実のおかげで、今日ではだれでもどこでも天文計算・シミュレーションを机上で、あるいは掌中で手軽に行えるようになりました。

本書は天文と歴史の意外なつながりを知っていただくために書かれたもので、専門家やマニア向けの本ではありません。むしろこれまで天文に関心がなかった人、日食や彗星などを眺めたことがなかった人にも読んでいただきたく、天文学の専門用語や数式はなるべく避けました。

第一章では古代人にとって最大の天変であった日食について述べました。古代日本の成立を『古事記』、『日本書紀』、『魏志倭人伝《ぎしわじんでん》』の記載をもとに日食から探っていきます。

第二章では古来洋の東西を問わず謎であった惑星の集合現象を取り上げます。日本神話の出雲の国譲りや、『史記』、『漢書』に記載された古代中国の王朝開始、聖書の中のクリスマスの星の出現などの年代を推定します。

第三章は『大鏡』、『明月記』などに記載された天変を紹介します。千年前の平安公家や陰陽師の「客星」の記載が現代天文学の進展に大きく貢献したことが理解されるでしょう。

第四章では今でも予測できない天変である小惑星・彗星の話題を記しました。小惑星の落下は恐怖ですが、大彗星の出現は素晴しい感動を与えてくれます。二〇一三年一二月初めにやって来るアイソン彗星が大彗星としての雄姿を見せてくれることを期待しつつ、最後の話題とします。

各章末には、これら天変の解読された過程と結果を記しました。天変のほとんどは、もはや恐怖の対象ではなくなりましたが、その正体については新たな謎が次々と生まれ、解読は今も進められています。

本書の内容の大半は天文教育研究会の会誌である『天文教育』、ＮＰＯ花山星空ネットワークの季刊誌である『あすとろん』に載せた記事、さらに最近行った講演内容などを加筆修正してまとめたものです。貴重な資料やアドバイスをいただいた上記の会員の方々に謝意を表します。本書の執筆ならびに刊行にあたっては恒星社厚生閣の片岡一成氏・高田由紀子さんに大変お世話になりました。ここに厚くお礼申し上げます。

二〇一三年一〇月

著　者

天変の解読者たち　目次

プロローグ　天文ゴールデンイヤー

二八二年ぶりの金環日食

二〇一二年は天文ゴールデンイヤーと言われました。五月二一日に金環日食、六月六日に金星の日面通過、さらに八月一四日には金星食（金星の前面を月が通過）と「金」の付く天文現象が三件も起こったのです。

金環日食は中国南部～日本列島～北太平洋～アメリカ西部という広い範囲にわたって見られました。日食の起こる地点は西から東へ移動するので、香港では欠けたままの太陽が昇って早朝のうちに金環日食が起こり、七時過ぎには終わりました。一方、アリゾナ州のフェニックスでは欠けたままの日の入りとなり、その日付は前日の二〇日でした。図０・１の曲線ａと曲線ｃに挟まれた地域では金環日食が、それ以外の地でも部分日食が見られました。※

近畿で見られた金環日食はこれまで三回、今回は二八二年ぶりです。関東や東北では一九世紀にも見られた金環日食がありますが、逆に名古屋や岐阜では一〇八〇年以来九三二年ぶりのことでした（図０・２）。日食は毎年地球上のどこかで起こっていますが、ある特定地点に限るとずいぶん珍しい現象です。一〇八〇年の金環食は金環継続時間からするとわ

※曲線ａと曲線ｃ
ａ、ｂ、ｃをそれぞれ中心食の北限界線、中心線、南限界線という。

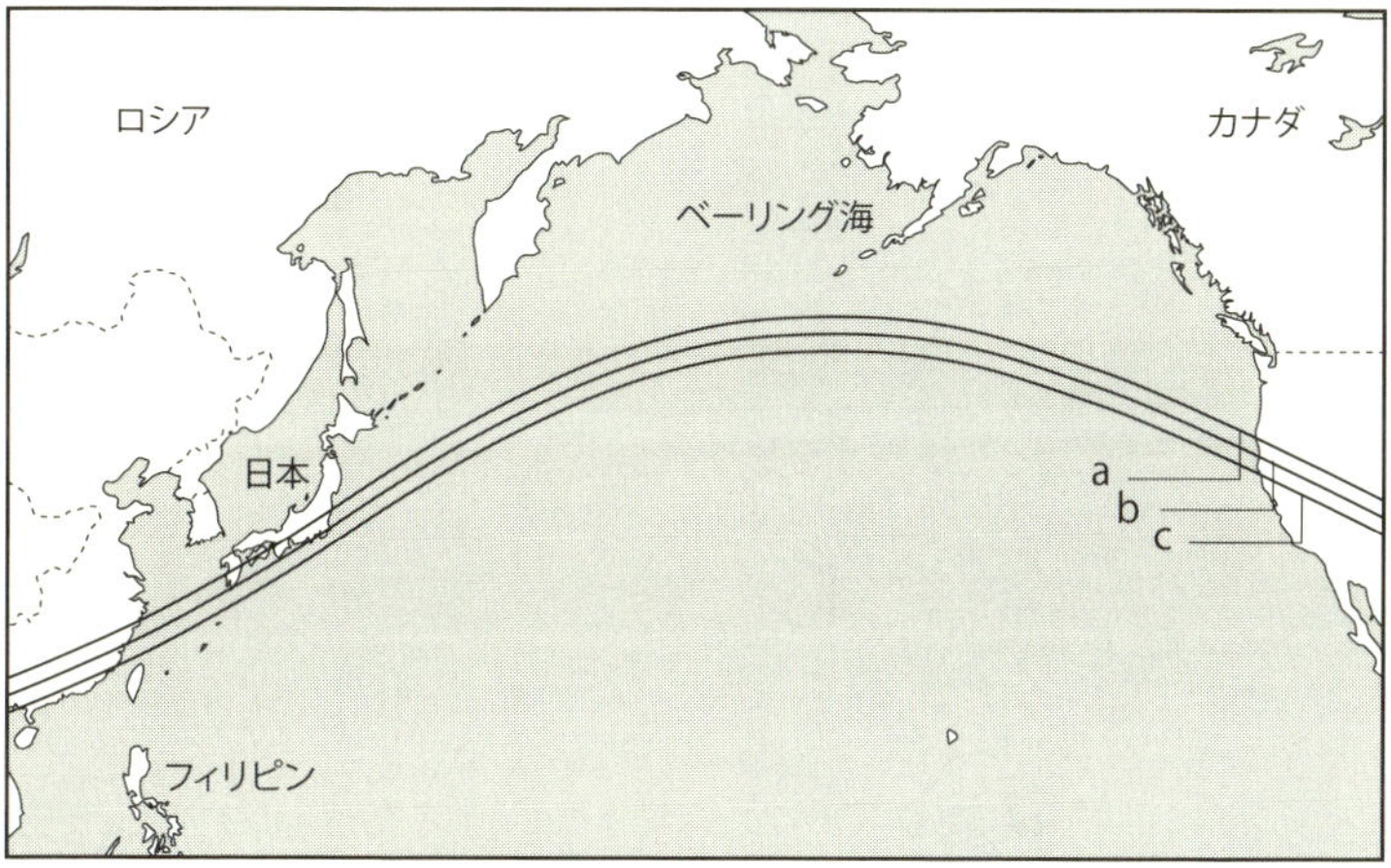

図０・１　2012 年 5 月 21 日の金環日食の中心食帯

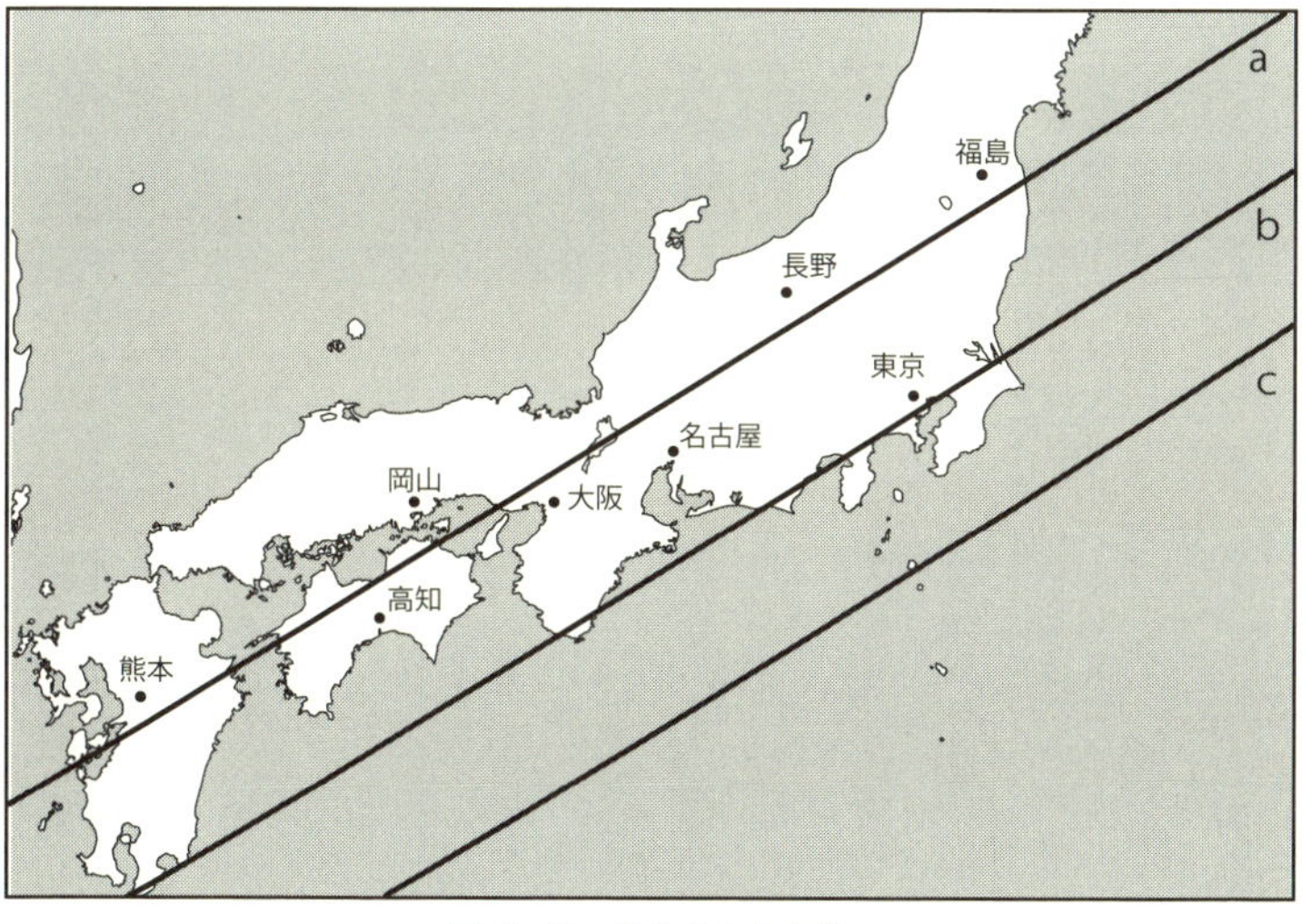

図０・２　日本の中心食帯

が国史上最大ですが、国民の三分の二である八〇〇〇万人が同時に眺められるという点ではこれが最大の日食と言えます。この日食を見た人はわが国だけでなく、早朝の中国と日没のアメリカまでも含めると一億人近くになったのではないでしょうか。さらに撮られた日食画像の総容量は何テラ※（いやペタかエクサか）バイトになったのか。読者の皆さんはこの有史以来最大規模の日食を堪能されましたか？

図０・３は大西浩次氏が三鷹市で撮影された日食画像の左の部分です。月が太陽に接する直前に、リングの細い部分が途切れて、ビーズが連なったように見える「ベイリービーズ」と呼ばれる現象が見られます。これは太陽の現象ではなく、実は月の表面の凹凸の反映で、月の山を直接見ているためです。

図０・３　金環日食時のベイリービーズ
（三鷹市にて撮像、大西浩次 提供）

筆者は鳥羽の海岸で眺めていました（図０・４）。雲間の日食観察でしたが金環の始まる午前七時半少し前、周囲がやや暗くなっているのに気付きました。そのとき、昔の大日食のおぼろな記憶が蘇ってきました。あの日は快晴で、日食時には空がかなり暗くなったような微かなおぼえがあるのですが、

※テラ
テラ、ペタ、エクサともに数の単位で、それぞれ一兆＝10^{12}、一〇〇〇兆＝10^{15}、一〇〇京＝10^{18}を表す。

図0・4　雲を通しての金環日食
（鳥羽海岸にて撮像、辻野紀子『あすとろん』19 号、p.29、
花山星空ネットワーク発行、2012 年）

表0・1　京都における 20 世紀、21 世紀の食分 0.8 以上の日食

年月日	種別	皆既金環地域
1918年 6月 9日	皆既	鳥島
1943年 2月 5日	皆既	北海道
1948年 5月 9日	金環	礼文島
1958年 4月19日	金環	種子島～伊豆諸島
2009年 7月22日	皆既	上海～トカラ～小笠原
2012年 5月21日	金環	図0・1、0・2
2035年 9月 2日	皆既	能登～北関東
2041年10月25日	金環	近畿東部、北陸、東海
2042年 4月20日	皆既	太平洋上
2063年 8月24日	皆既	津軽海峡
2070年 4月11日	皆既	太平洋上
2074年 1月27日	金環	鹿児島
2095年11月27日	金環	中国・四国

いつの日食かは全く忘れていました。後で一九五八年四月一九日の日食(種子島・屋久島では金環日食で、筆者のいた地域では八割以上欠けた部分食)とわかったのですが、皆既でないのに空が暗くなるはずがない、子供のころの記憶は美化され増幅されるものであてにならんと思っていました。ところが、実は案外と暗くなるものでしたね。やっぱり実際に自然に触れて体験することが重要だと痛感しました。

過去の大日食として皆さんの記憶にあるものは何でしょうか?一一ページの表0・1は京都における二〇世紀・二一世紀の大日食ですが、次のチャンスは二〇三五年の皆既日食、二〇四一年の金環日食です。なお、古代からの大日食は三三ページをご覧ください。

金星の日面通過

太陽と地球の間に月が割り込んでくれば日食ですが、水星、金星の場合は日面通過と言われます。水星の日面通過は数年に一度起こっていますが、金星の日面通過は非常に珍しい現象で、これまでに観測は七回しかありません。その七回目が二〇一二年六月六日に起こったのです。金

表0・2　金星の日面通過

年月日	備考
1631年12月 7日	ケプラーの予測
1639年12月 4日	初観測
1761年 6月 6日	
1769年 6月 3日	天文単位測定
1874年12月 9日	日本も観測
1882年12月 6日	
2004年 6月 8日	雨でした
2012年 6月 6日	よく見えました
2117年12月11日	
2125年12月 8日	

星が太陽に重ならんばかりに接近するのは、一六〇〇年から二二〇〇年までに八年ごとに起こりますが、ほとんどが背面通過で前面通過はわずか一〇回のみです。

金星の日面通過について初めて計算・予測したのはケプラー（一五七一～一六三〇）でした。しかし彼が予測した一六三一年一二月七日の日面通過は西ヨーロッパでは太陽が既に沈んでいて、誰も観測できませんでした。最初の観測は、一六三九年一二月四日にホロックス（一六一八～一六四二）によりイングランドで行われました。その後ハレー（一六五六～一七四二）の提案により、地球上の二点から日面通過を観測して求めた視差より、一天文単位※の値を正確に決定しようということになり、そのために一七六一年と一七六九年の日面通過が使われることとなりました。一七六九年にはキャプテン・クック（一七二八～一七七九）がタヒチから観測しています。また一八七四年には長崎・神戸・横浜でも観測され、わが国が欧米と初めて行った共同観測となりました。次の一八八二年は日本時間で夜でした。二〇〇四年は六月八日の一四時一一分から日没まで、黒いビーナスがアポロンの手前を東から西へゆっくりと移動していくのが見られるはずでした。しかし全国的に雨で天文家をがっかりさせました。

二〇一二年六月六日は晴天に恵まれ、七時過ぎから一三時半ごろまで、太陽表面を真っ黒な小円が左から右下方向へ移動するのが見られました。金星の見かけのサイズは太陽の三〇分の一、約一分です。筆者たちは京都大学北部構内で観望会を開き三〇名の参加者と一

※天文単位
太陽と地球の平均距離。約一・五億キロメートル。

緒に眺めました。裸眼で直接見ると、アポロンとビーナスの神罰が下りますから日食めがねや投影板は日食時以上に必要です。今回観望できたのは幸運でした。見逃したら一〇五年も待たねばなりませんから。

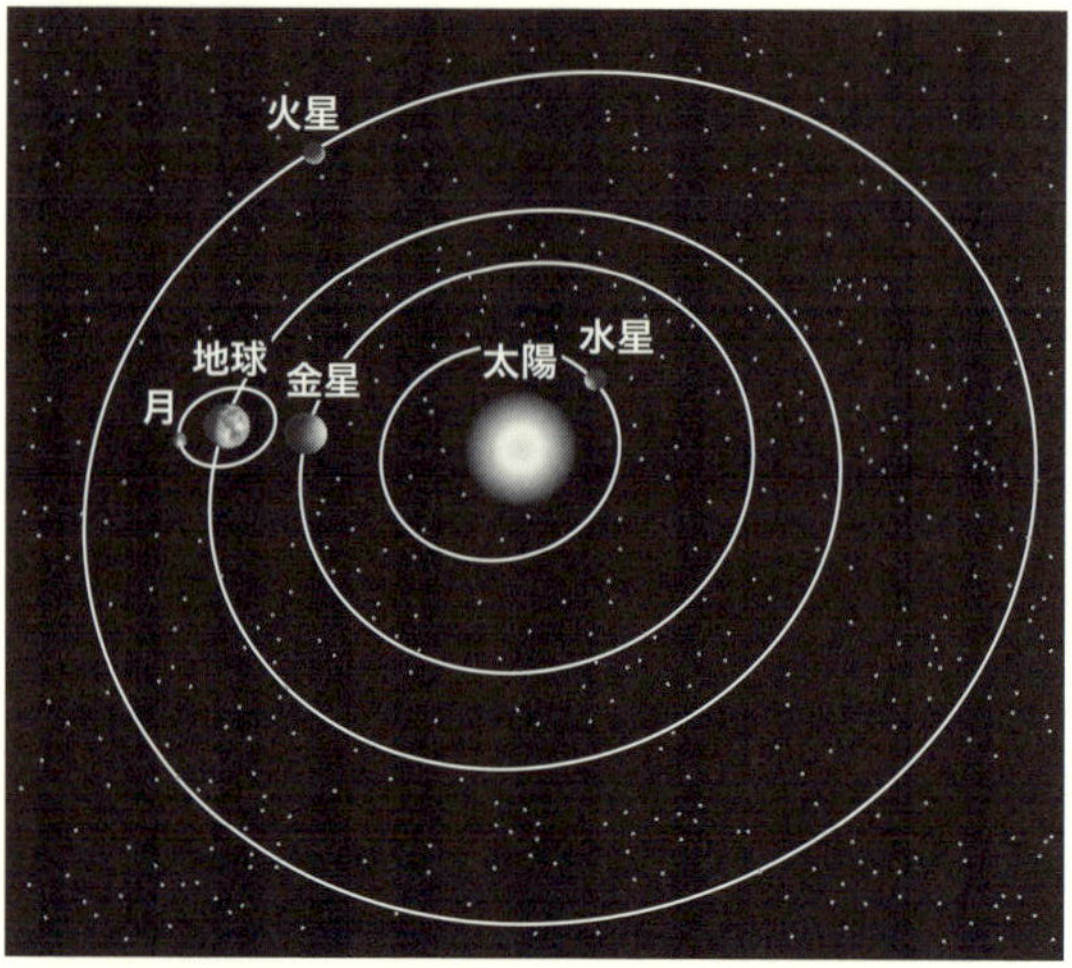

図0・5　2012年6月6日の金星の位置

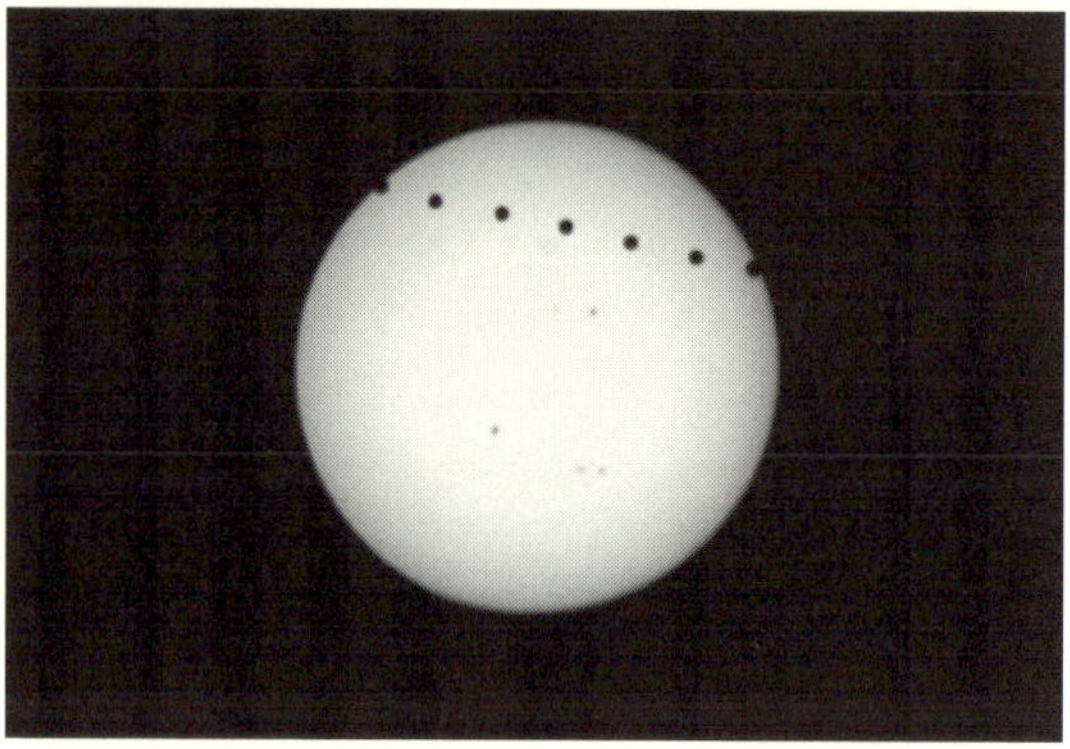

図0・6　金星の日面通過過程（秋田勲 提供）

第一章　欠けゆく太陽——天変から探る古代日本

わが国には星や宇宙に関する神話伝説は多くありませんが、日本や中国の歴史書の中には興味ある伝承が潜んでいます。これより古代史に関する重要なヒントが見つかり、ヒミコ女王国の興亡の姿が浮かび上がってきます。彼女の即位、死のときに何が起こったのでしょうか。

一．ヒミコ女王国の興亡

天岩屋戸《あまのいわやと》伝説

母なる恵みの太陽が白昼消えてしまう皆既※日食は、古代の人々にとって驚異であり恐怖だったことでしょう。日食に関する伝承は中国、メソポタミア、ギリシアをはじめ世界各地に多数残っています。

わが国で有名な日食伝承と言えば『古事記』『日本書紀』が伝える天岩屋戸伝説です。

日の女神アマテラスは父イザナギから命じられ高天原《たかまがはら》を統治していた。ところが弟スサノヲは乱暴者で、田の畔を壊したり、皮を剥いだ馬を姉の機織り部屋に放り込んだり暴れ回っていた。当初黙認していたアマテラスもほとほと手を焼き、天岩屋戸と呼ばれる洞窟に籠もってしまう。日の女神が隠れたのだからこの世は真っ暗になり、もろもろの禍が起こった。困り果てた神々は安の河原に集まって協議し、とんでもないどんちゃん騒ぎを開いて彼女を引き出した。神々のいる高天原にも人間が住む葦原の中つ国にも再び光が戻り、スサノヲは手足の爪を抜かれて高天原から追放されてし

※皆既日食
太陽が月に完全におおい隠されて見えなくなる現象。

撮影：福島英雄、宮地晃平、片山真人

図1・1　天岩屋戸から出てきたアマテラス
（春斎年昌 作『岩戸神楽之起顕』）

まった。

図1・1はアマテラスが天岩屋戸から顔を出した瞬間を表す浮世絵（幕末から明治初期に活躍した春斎年昌の作品）で、皆既日食の終わるダイヤモンドリング※を彷彿させます。天岩屋戸伝説は日食をもとにした伝承に違いないということは、江戸時代、いやもっと以前から知られていました。しかしその日食候補は紀元前から七世紀まで多数あって、特定は非常に困難です。そこで別の面から探ってみましょう。

連年の皆既日食の裏には

幻の女王ヒミコ。ヒミコとは誰か？　彼女がいた邪馬台国はどこにあったか？　彼女は一〇〇〇年以上も日本人を惹きつけ、また悩ましてきまし

※ダイヤモンドリング
皆既日食の始まりと終わりに見られる現象。月の影から漏れ出る太陽の光をダイヤモンドの輝きに見立てたもの。

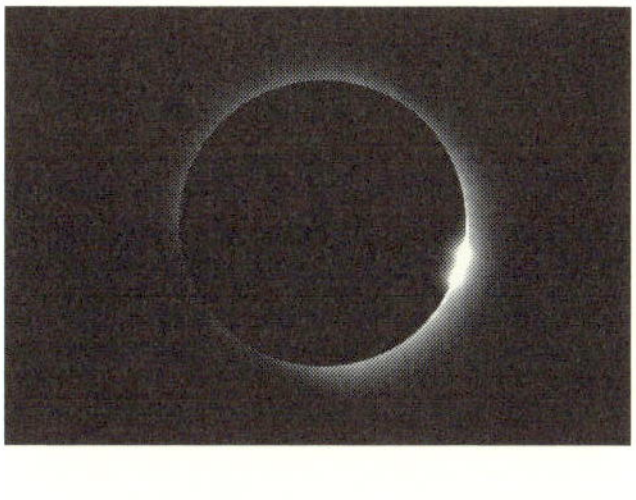

撮影：福島英雄、宮地晃平、片山真人

た。その出典はもちろん『魏志倭人伝』。その本格的研究は江戸時代からですが、すでに『日本書紀』の成立前から行われてきました。卑弥呼とは中国での当て字で、この字にこだわることはありません。America にアメリカとか亜米利加とかいう字を当てるようなものですから。わが国的には日巫女あるいは日御子でしょうが、ここではヒミコと書くことにします。

彼女の晩年二四七年三月二四日とその翌年九月五日に起こった日食は日本古代史に重要なヒントを与えてくれ、わが国古代史上の重要資料といえるでしょう。三月二四日は図1・2のようにアフリカから朝鮮半島まで、中国（魏）の洛陽や長安では夕方、皆既日食が見られましたが、わが国ではすでに太陽が沈んだ後でのことです。しかし部分食は日没前に始まり、その欠け具合は西にいくほど大きいのです。近畿では日没時に半分強欠けますが、北九州では七割くらいです。地平線近くで欠け始め、細くなりながら没する太陽、明日はもう昇って来ないのではないかという不安を駆り立てる壮絶な光景です。

一方、翌年九月五日の日食の、皆既日食が見られる帯状のエリア（皆

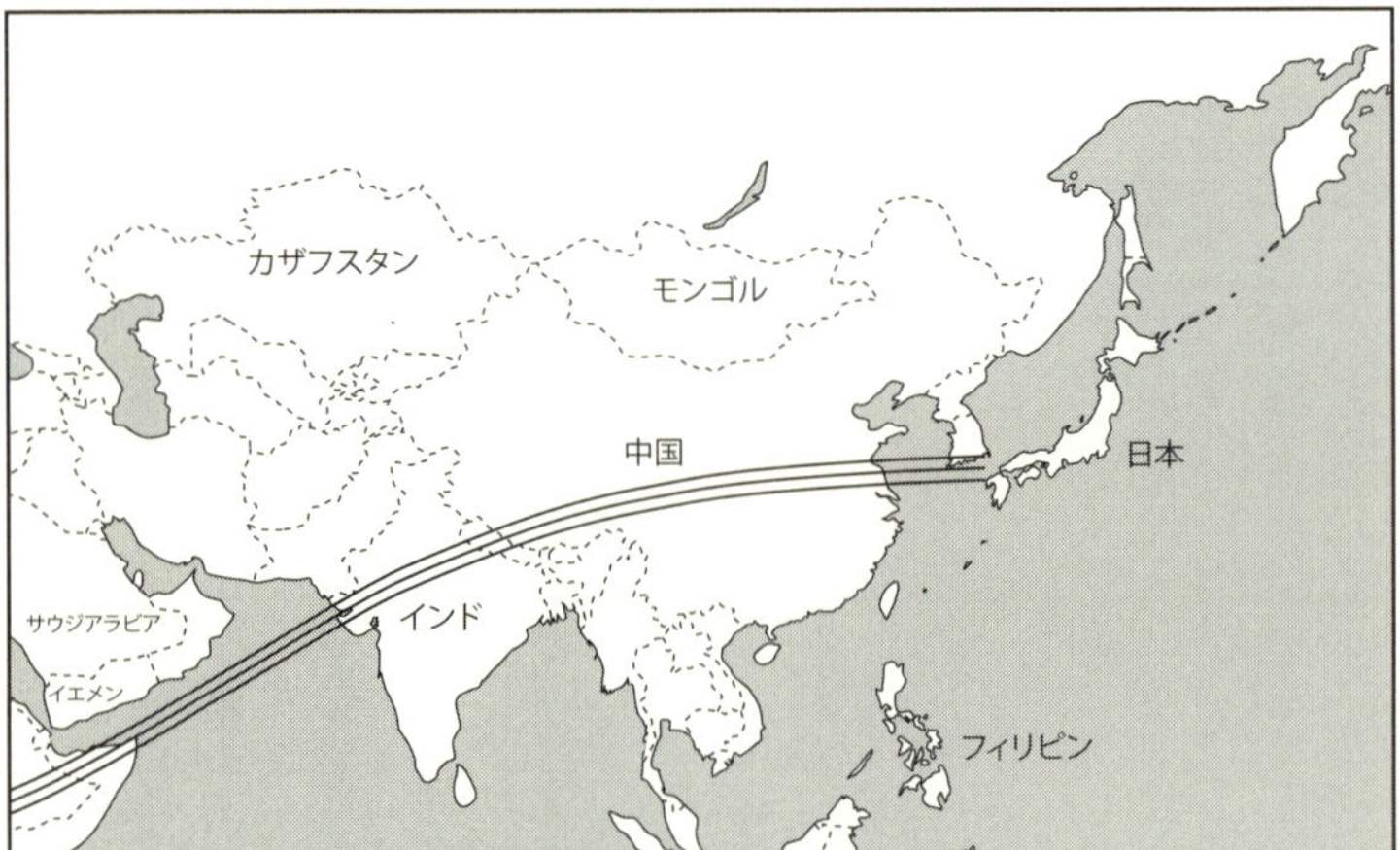

図1・2　247年3月24日の日食図

既帯）は図1・3のように能登半島から北関東、さらに太平洋上に長く延びています。中国・朝鮮ではまだ夜明け前のことであり、この皆既日食が見えた陸地は地球上で本州の一部だけですから、黒い太陽の記録は世界中どこにもありません。近畿でも九州でも部分食とはいえ太陽は九割欠けます。太陽が欠けていく過程は見られず昇ってきたときにはすでにやせ細った状態、そしてすぐに復円が始まり、七時にはすべて終了します。

この日食の後半の過程を見た当時の人々は、きっとホッとしたことでしょう。もしあなたがこれら二つの日食を眺めたとしたらどのように感じますか？　これらの日食は現在PCで再現できますが、『魏志倭人伝』に日食の記載はなく、次のように書かれています。

当時の倭国は多数の小国から成り立っていて、その盟主は邪馬台国、その女王は卑弥呼だった。卑弥呼は鬼道をよくし高殿で暮らしていて、弟が彼女の言葉を人々に伝えていた。狗奴国《くなこく》と争いの中、正始八年（二四七年）彼女の要請により魏使が邪馬台国にやって来たが、間もなく卑弥呼は没した。後継の男王

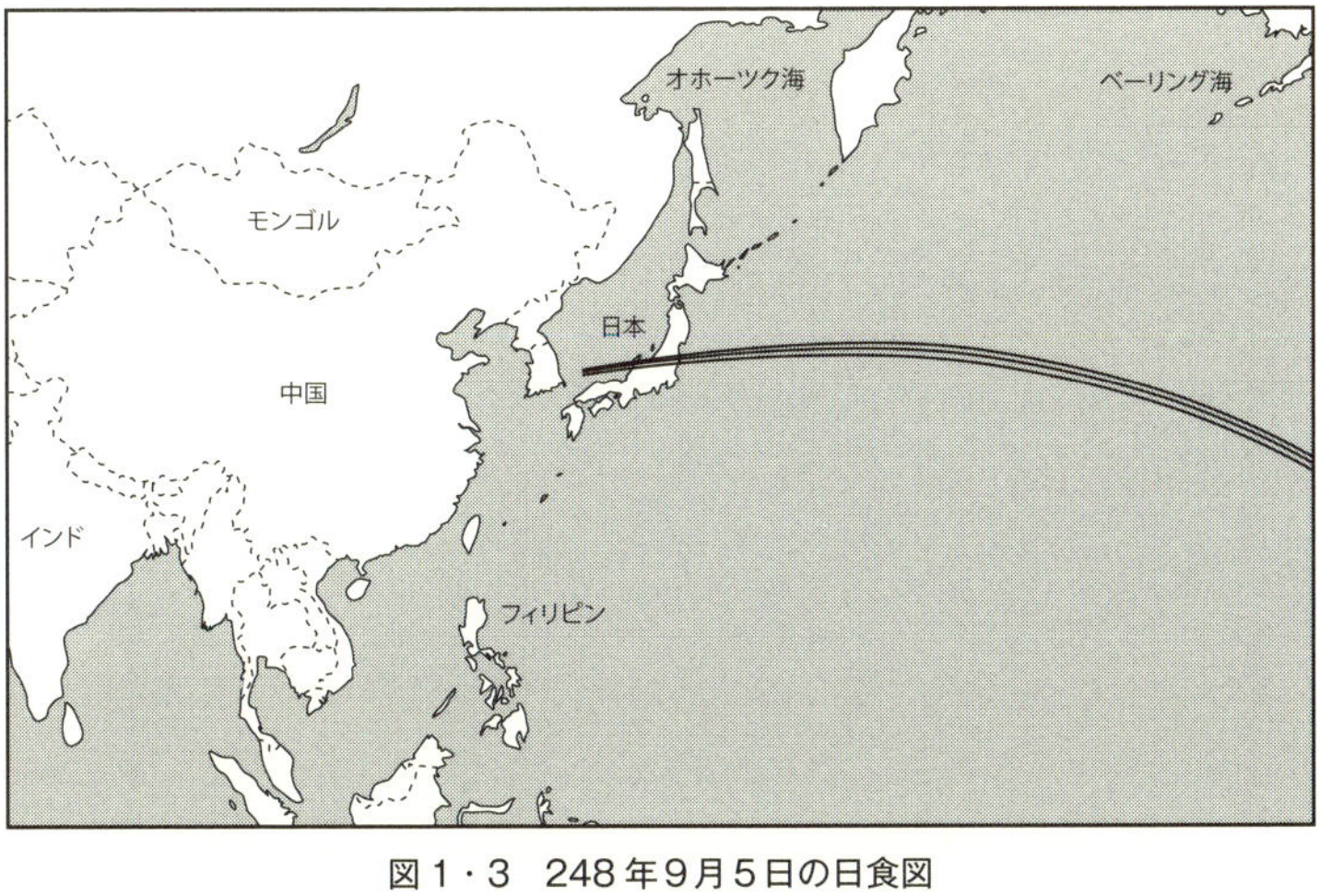

図1・3　248年9月5日の日食図

が立ったが互いに争い、内乱状態となった。そこで魏使の主導で壹與（トヨ？イヨ？　以下「トヨ」とする）という一三歳の少女を女王に推し立てて争いは収まった。

これらの伝承記載をつなぎ合わせると、前年三月の日食はヒミコの死・アマテラスの天岩屋戸隠れを、翌年九月の日食はトヨの擁立による平和回復・アマテラスの再出現を表しているように思えます。前年三月の日食は邪馬台国の人々に長く凄惨壮絶な記憶をもたらしたことでしょう。

図１・４　ヒミコ（イラスト：中西久崇）

邪馬台国はどこにあったか、ヒミコは誰かということについての調査研究は、三〇〇年前の新井白石に始まり、さまざまな説が立てられ、今では大和・北九州のみならず国内各地から、はるかジャワまでの無数の候補地があるそうです。所詮『魏志倭人伝』

の短い文章の解釈だけで推察するにはネタ切れで、もう新説は難しいでしょう。しかし天文計算という新たな手段を使えば「日食がよく見えた北九州」にあったとする説が有利になりそうです。これらの日食については斉藤国治氏の著書※に詳しく載っています。

ヒミコは二三八年から何度も魏へ使いを出しています。そのときの魏の皇帝明帝は曹操の孫で呉・蜀と戦い続けていましたが、はるか遠国の女王に気前よく親魏倭王の称号、金印紫綬、銅鏡百枚などを授与します。ヒミコはそのお墨付きで周囲の国々へ権威付ける必要があったのでしょう。トヨの治世となってからは魏の実権は皇帝(曹氏)から司馬氏へ移っていき、ついに司馬炎(諸葛孔明のライバル、司馬仲達の孫)が魏より禅譲を受けて晋を建てます。その翌年二六六年には早くも倭王が晋へ朝貢使者を送ったと『晋書』に記載され、これが『日本書紀』の神功紀に「倭の女王の使者が朝貢した」との記述で引用されています。そのときの女王は多分トヨでしょう。彼女は二四八年の共立時に一〇代の少女ですから、このときには三〇代半ばでシャーマン力は旺盛なころで、国際情勢にも敏感のようです。しかしこれを最後に、その後一五〇年も倭国のことは中国の文献から途絶えます。ヒミコ・トヨ女王国は滅びたのか？　東遷して大和朝廷になったのか？　わかりませんが四世紀に女王制は消滅したようです。五世紀になって中国(南朝)に頻繁に遣いを出して朝鮮半島に影響力のある官位へ任命を求めたり、血なまぐさい肉親同士の後継者争いをしたり、また河内・大和に巨大な前方後円墳を作った倭の五王(応神天皇～雄略天皇)はヒミコ・ト

※斉藤国治『宇宙からのメッセージ』雄山閣、一九九五年

ヨたち女王とは別系統のように思えます。

アマテラスの出現

さて舞台は六世紀の大和に移り、五九二年に初めて実在の確かな女帝が出現しました。後年、推古天皇と呼ばれる彼女は、夫（敏達天皇）も兄（用明天皇）も疱瘡の病で亡くしました。その跡目争いで多数の有力者が戦いに関わり命を落とし、群臣たちは先々代の皇后である彼女に即位を促します。こうしてついに皇位についたときにはすでに三九歳、彼女の本名は豊御食炊屋姫《とよみけかしきやひめ》。トヨ姫さんなんです。彼女を補佐するのは大臣の蘇我馬子（叔父）と摂政の聖徳太子（甥）ですが、その話は割愛。二人とも先に亡くなり、手がけた初の国史の編纂は未完成のまま。その老いた女帝の没年に天変が起こるのです。

『日本書紀』の巻第二十二「日有蝕尽之」という記載は、六二八年四月一〇日の日食にあたります。わが国初めての日食の記載ですが、この五文字からは、皆既かどうかはわかりません。現代の日食計算からも両方の主張があります。

図1・5では皆既帯は太平洋上になっていますが、地球の自転の遅れ※のパラメータの取りかたで皆既帯は大きく西に移り、日本列島上を走ることもあるのです。前者の場合は国内どこでも部分食しか見られませんが、九割くらい欠ける大日食です。ここで注目したいこと

※自転の遅れ
地球の自転周期は年々伸びているが、その度合いは一様ではない。古代の日食計算では、この影響も考慮されている。
http://www.wagoyomi.info/suiko/suiko.html

は、皆既かどうかというよりも日食の五日後に推古女帝が亡くなっているということです。

さぁ、なんかアヤシイですね。

このとき人々の間に「かつて推古と同じように群臣に共立され、日食とともに亡くなった女王がいた」という微かな伝承が蘇ってきたのではないでしょうか？　以下そのような前提で推察してみます。しかし、今やそれがいつのことか、女王の名前もわからない。そこで隋唐から入ってきた史書の中からそれらしき人物を探す作業が行われました。史記～漢書～三国志～晋書～隋書・・・etc. 何年もいや何十年もかかってやっと見つけたのが『魏志倭人伝』の卑弥呼という名前、そして、そこには載っていないが、魏本国の

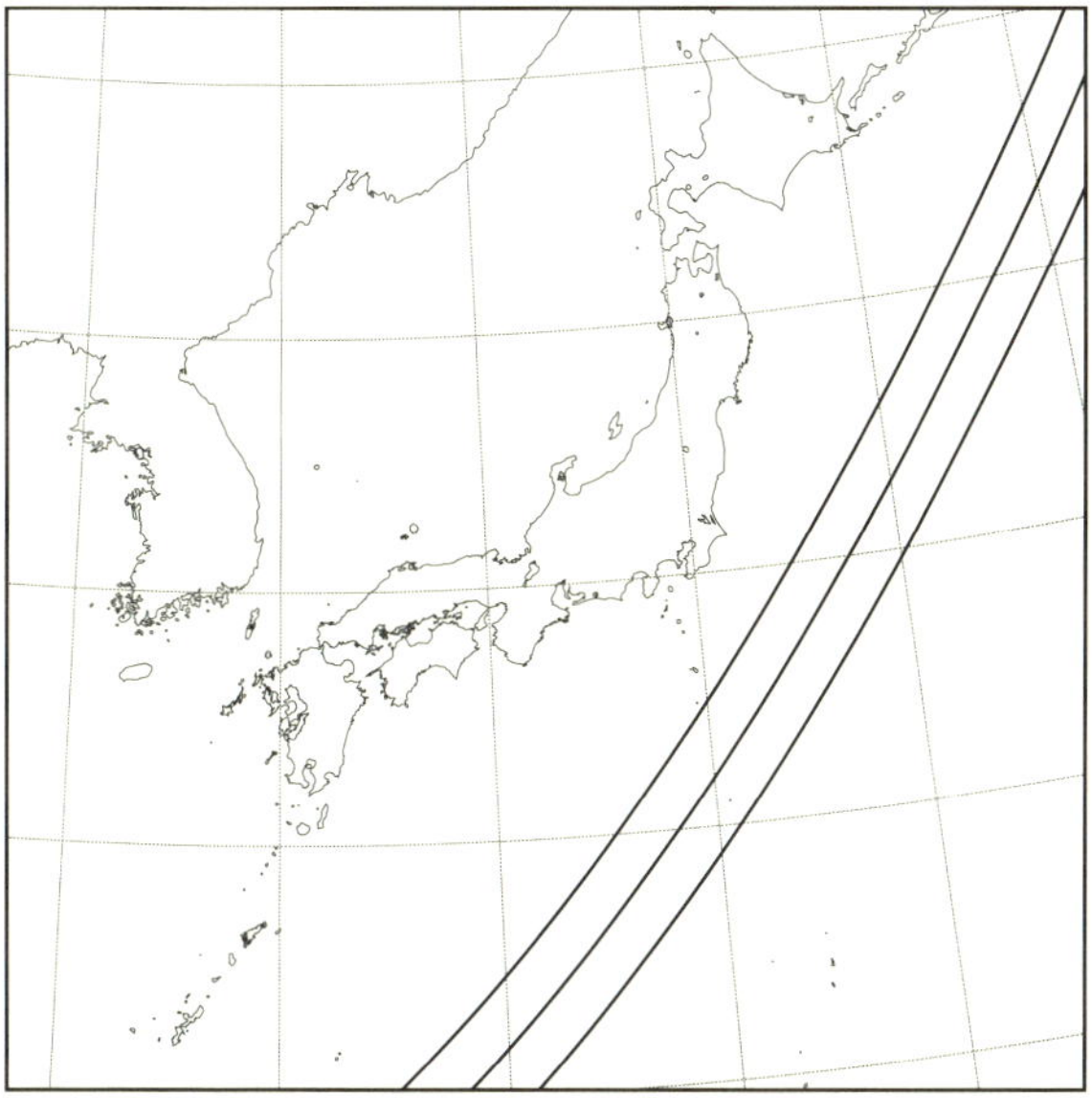

図１・５　628 年 4 月 10 日の日食図

二四七年三月の日食記録でした（二四八年九月の日食は中国では見えなかったので記録はないはず）。しかし彼らはそれをそのまま転載するのではなく、非常に大きな話にでっちあげた。すなわち二人の女王ヒミコとトヨを合わせてアマテラスという皇祖女神を仕立て、そして天岩屋戸伝説を創造したのです。時はまたもや女帝の持統※時代（六八六～七〇二）！

この壮大なフィクションを国家プロジェクト『日本書記』として立案編纂したのは誰でしょうか？　何人かの手を経て完成させたのは日本古代史を創り上げた藤原不比等（六五九～七二〇）でしょうね、きっと。

六世紀末まで続いた王位争いも、推古天皇の共立でひとまず収まり、中国の統一王朝となった隋との正式国交も始まりました。推古天皇から称徳天皇（在位七六四～七七〇）までの二〇〇年間、一六人のうち八人は女帝です（重祚が二回あるので実質六人）。飛鳥～奈良時代に女王制度は復活しているのです。隋唐文化が輸入され律令制が整備され、日本国が成立していく過程において。

以上をまとめると、

・九州にあった邪馬台国の女王で太陽神に仕える巫女であったヒミコは、亡くなるころに起こった二回の日食により、死後は日の女神として崇められるようになった。
二四七年三月　ヒミコが没し内乱始まる＝アマテラスが岩屋戸に隠れる

※持統時代
称制、上皇の期間も含める。

二四八年九月　トヨの共立、平和が蘇る＝アマテラスが岩屋戸から出る

・その事件は細々と人々の記憶に残り、推古天皇の死を契機にアマテラスの天岩屋戸伝説が生まれた。

と考えられそうです。

女王即位をもたらした天変とは

では時代を遡って、ヒミコの即位はいつでしょうか？

『魏志倭人伝』や『後漢書東夷伝』が伝えるところでは「倭国はもともと男王が治めていた。桓帝（在位一四六～一六七）霊帝（在位一六八～一八九）の治世の間に大いに乱れ、互いに攻めあっていたが、ひとりの女子を共立して王とし、名付けて卑弥呼と言った。年すでに長大であるが夫婿はいない。弟が補佐して国を治めていた」そうです。ヒミコの即位年が上記期間の最後としても、没年が二四七年か二四八年ですから、在位期間は六〇年となります。即位時の年齢が一〇代としても、魏の使いを出したときにはすでに六〇歳過ぎ、狗奴国と戦っていたときには八〇歳近い老婆です。即位年が繰り上がれば、彼女はゆうに一〇〇歳を越えて在位していたことにもなります。彼女は「鬼道をよくしていた」ので、当

時の平均寿命の三倍も生きて、倭国連合を率いていたなんて、どうみても不自然ですね。『魏志倭人伝』には「倭人は長命で、百歳か、八〇・九〇歳の人が居る」という記載があります。当時の倭人は暦を知らず、どんな歳の数え方をしていたのかわかりませんが、とてもそのまま信じられません。

他にも不可解な数がよく出てきます。有名なのは朝鮮半島から邪馬台国へいたる道程で「水行十日、陸行一月」などを加えていくと、邪馬台国ははるか九州の南方海上になってしまうということが、すでに江戸時代から言われています。また邪馬台国の人口は七万戸と書かれています。当時は大家族で一戸に一〇人くらいは同居していたので、人口七〇万の大国になります。これは邪馬台国だけでなく倭国の総人口だという説もあるそうです。人間の記憶は数が一番あてにならないものです。数字は忘れやすい。これは現代の私たちもよく体験することです。一一桁の電話番号や証書の受付番号なんかとても覚えられません。また日付や時間の間違いなどは日常茶飯事ですね。

この超長寿の謎を解くには、初めのヒミコと後のヒミコは別人と考えるのが最適解でしょう。二人でなく三人かもしれない、とにかく一人ではないということです。『魏志倭人伝』は伝聞録であり、魏の使者も女王には会っていません。宮殿の奥で一〇〇〇人の兵士召使いに守られて暮らしているヒミコの真の姿を知っているのはごく少数です。民衆や外国人には女王が代わってもわかりません。女王はみんなヒミコという名前だったのでしょうか？

いやむしろヒミコとは固有名詞ではなく、女王の称号ではないでしょうか。社員が社長を、家臣が主君を姓名で呼ぶことがないように、民が王を名前で呼ぶことはありません。それは古代でも現代でも同じでしょう。倭国の民は、正確な発音は不明ですが、日の巫女（あるいは御子）という意味で女王をヒミコと呼んでいたのを、魏の使者は卑弥呼と記した。ところがいつの間にか女王の名前と思われるようになってしまった……と推察できます。ではなぜ鬼道をよくする独身女性が女王に共立されたのか？　そのわけは、そのとき起こった天変のためではないでしょうか。ある日突然起こった天変に人々は神の怒りに触れたと思い、戦いをやめて、日の神に仕える巫女を推し立てました。そのような大天変とは何でしょう？　それには二つの候補が考えられます。

まず日食。彼女の即位年を日食の起こった時期から推定してみます。一世紀〜七世紀までの西日本で実際に見えた大日食を表1・1にまとめました。

表1・1　西日本で見えた大日食

	年月日時	種別	地域
①	146年 8月25日午前	金環	若狭湾〜房総
②	154年 9月25日午前	皆既	佐渡〜北関東
③	158年 7月13日夕方	皆既	図1・6　若狭湾〜伊勢湾
④	168年12月17日夕方	金環	図1・7　九州・中国・四国
⑤	247年 3月24日日没	皆既	図1・2　わが国では部分食
⑥	248年 9月 5日早朝	皆既	図1・3　能登〜北関東
⑦	273年 5月 4日夕方	皆既	能登〜北関東
⑧	454年 8月10日昼間	皆既	九州〜南四国
⑨	479年 4月 8日夕方	金環	山陰〜関東
⑩	522年 6月10日午前	皆既	図1・9　山陰〜北陸〜北関東
⑪	574年 3月 9日午前	皆既	関東
⑫	628年 4月10日午前	皆既	図1・5　太平洋上
⑬	641年 1月17日午後	金環	北九州〜北陸〜東北
⑭	653年11月26日午前	金環	北陸〜東海・関東

このうち中国史書でいう桓帝・霊帝の治世の間に、西日本で見られた皆既日食は③だけです。図1・6の曲線内では日の入り前に皆既が起こり、やがて復円しながら沈んでいきます。北九州でも日没直前に細い太陽が見られます。④では九州・中国・四国では金環が沈んでいくという光景が見られます。この日食は金環時間が長いことで有名で、九州各地では七〜八分、東南アジアでは一〇分を越えたそうです（図1・7）。近畿でも部分食は見られたはずです。これらの日食に比べ①と②は西日本で見る限りでは重要度はやや下がります。古代人にとって戦いをやめるほど恐怖に襲われたのは、やはり沈みゆく皆既日食③が最有力でしょう。日食が起こったため戦いをやめたという伝承は中東にもあります。⑤、⑥はヒミコからトヨへの日食であり、⑦から⑪までの日食は記録も伝承もないようです。

ある日突然起こる天文現象で、他の可能性として考えられるものは超新星爆発です。詳しくは一三一ページで説明しますが、突如として新たな星が現れる現象です。世界最古の超新星出現記録が『後漢書天文志』に一八五年一二月七日と記載されています。それは南十字星の近くで起こりました。この天域は現在、本州や黄河流域では南の地平線下で見えませんが、地球の首振り（歳差）[※]自転運動のため、かつては見えていました。二世紀には近畿でも北九州でも南の地平線ギリギリに見えたはずです。この超新星は一二月七日には太陽が昇った後、午前八時ころ南の地平線あたりにほんの短時間現れただけでした。しかし翌年春になれば、夜半に春霞と間違える春の天の川の中で、半月くらいの明るさで輝い

※歳差
地球はコマのように首を振りながら自転している。そのため地球から見て天体の位置は変化しているが、天体が移動したわけではない。

ていたことでしょう。もはや誰の目にも天変は明らかです。図1・8は一八六年三月一日深夜二時の南空で、超新星の西（右）には南十字星が、東（左）には下弦の月が、その上には火星とさそり座が見えます。日食において皆既や金環の継続時間はわずか数分で、一時間後には太陽は完全復円します。しかもそのときに悪天候ならほとんど気づきません。それに対し超新星は数か月間、中には二年間も見えていたものもあります。ある冬の朝、太

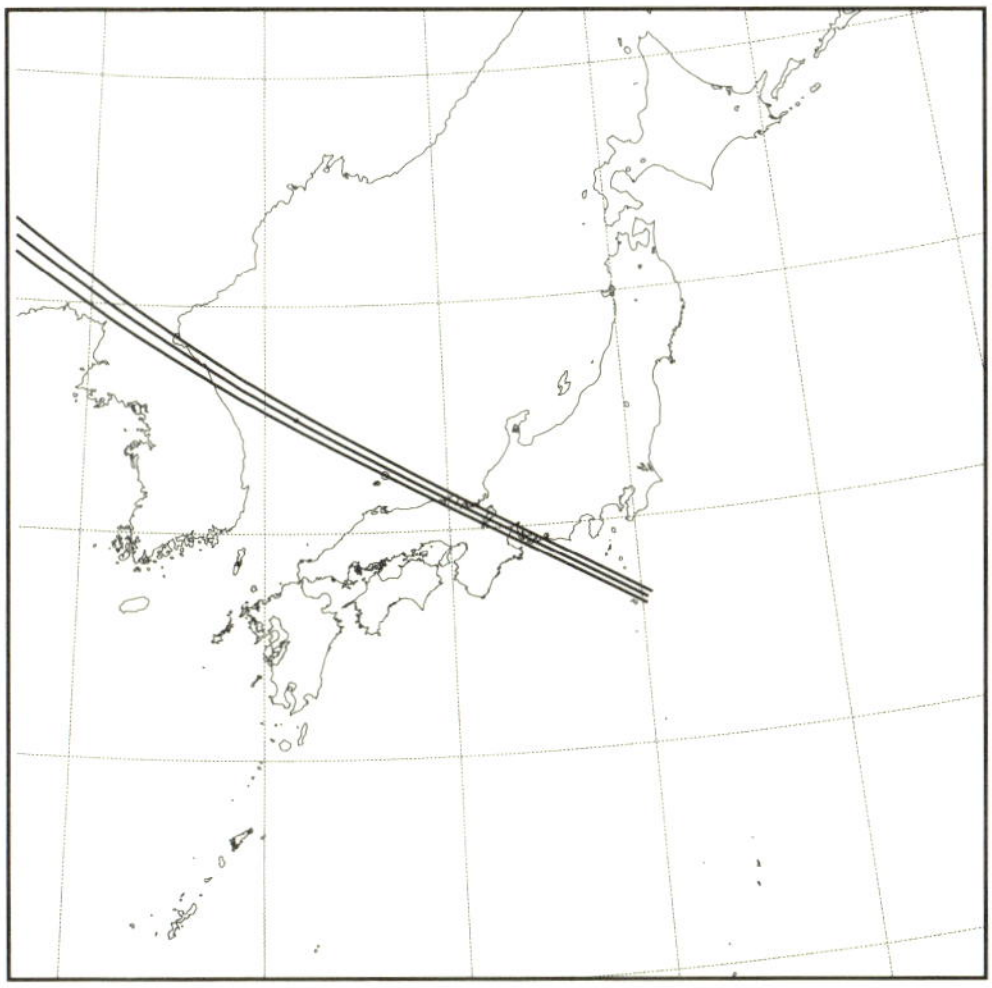

図1・6　158年7月13日の日食図

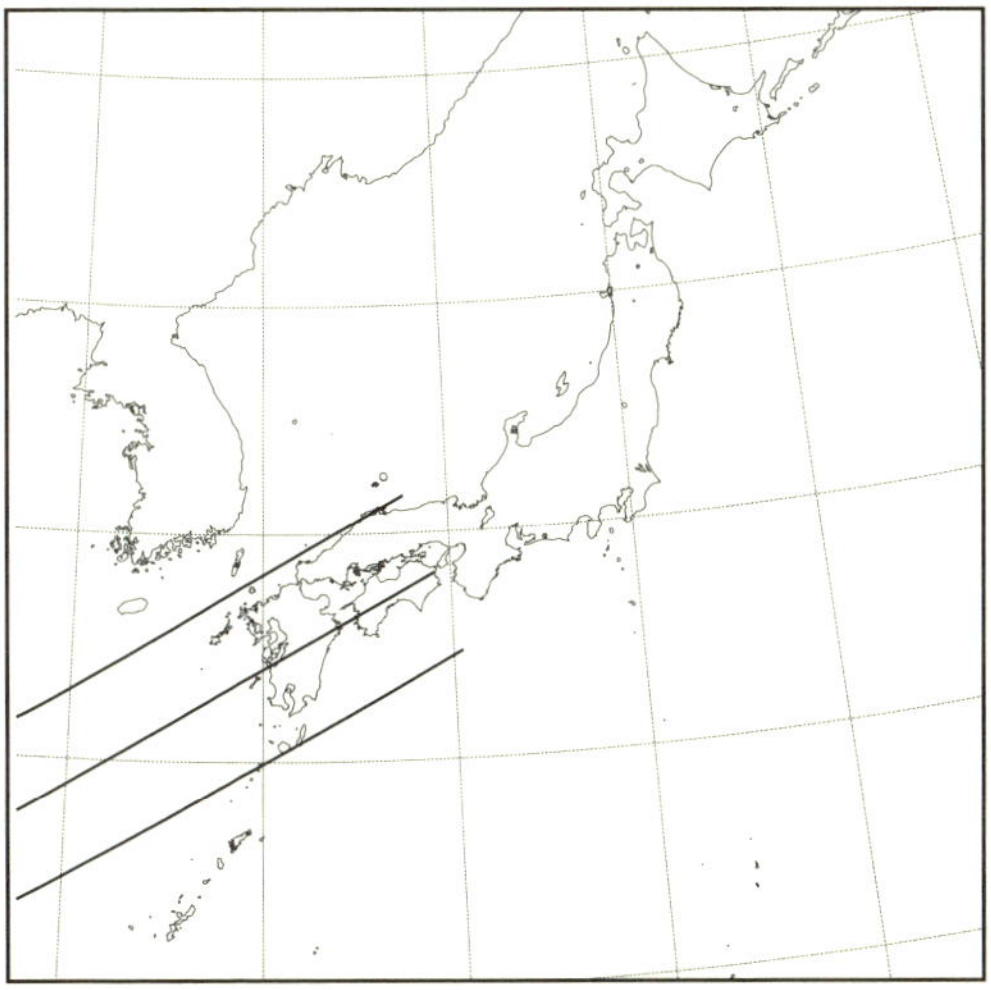

図1・7　168年12月17日の日食図

陽光の中でいち早くそれを見つけたヒミコは停戦を呼びかけ、諸国の軍はその星の出現を彼女の呪術のためと恐れて、女王に共立したと考えてよさそうです。

以上より、多少の無理は承知の上での推論です。

倭国は二世紀後半に大乱が起こったが、ある天変により日の神に仕える巫女が女王に共立されて終息した。その天変の候補としては一五八年の皆既日食の可能性もあるが、一八五年の超新星出現（一年も輝き続け、最輝時には昼間でも見え、歴史上最大規模）の方がよりふさわしい。彼女はヒミコと呼ばれるが、後継女王も同じ名で呼ばれていた。ヒミコとは固有名詞ではなく女王の称号で、神の声を聞くのが役目だった。二三八年に魏に使者を遣わし「親魏倭王の称号・金印紫綬・銅鏡百枚」などを授かった「邪馬台国の卑弥呼」はその第二代か第三代の女王であり、トヨはその次のヒミコだった。女王制は約一〇〇年間続いたが、トヨの後に途絶え、その後わが国は男系大和朝廷によって統一される。ところが推古天皇の即位で復活し、皇祖神アマテラス神話が出来

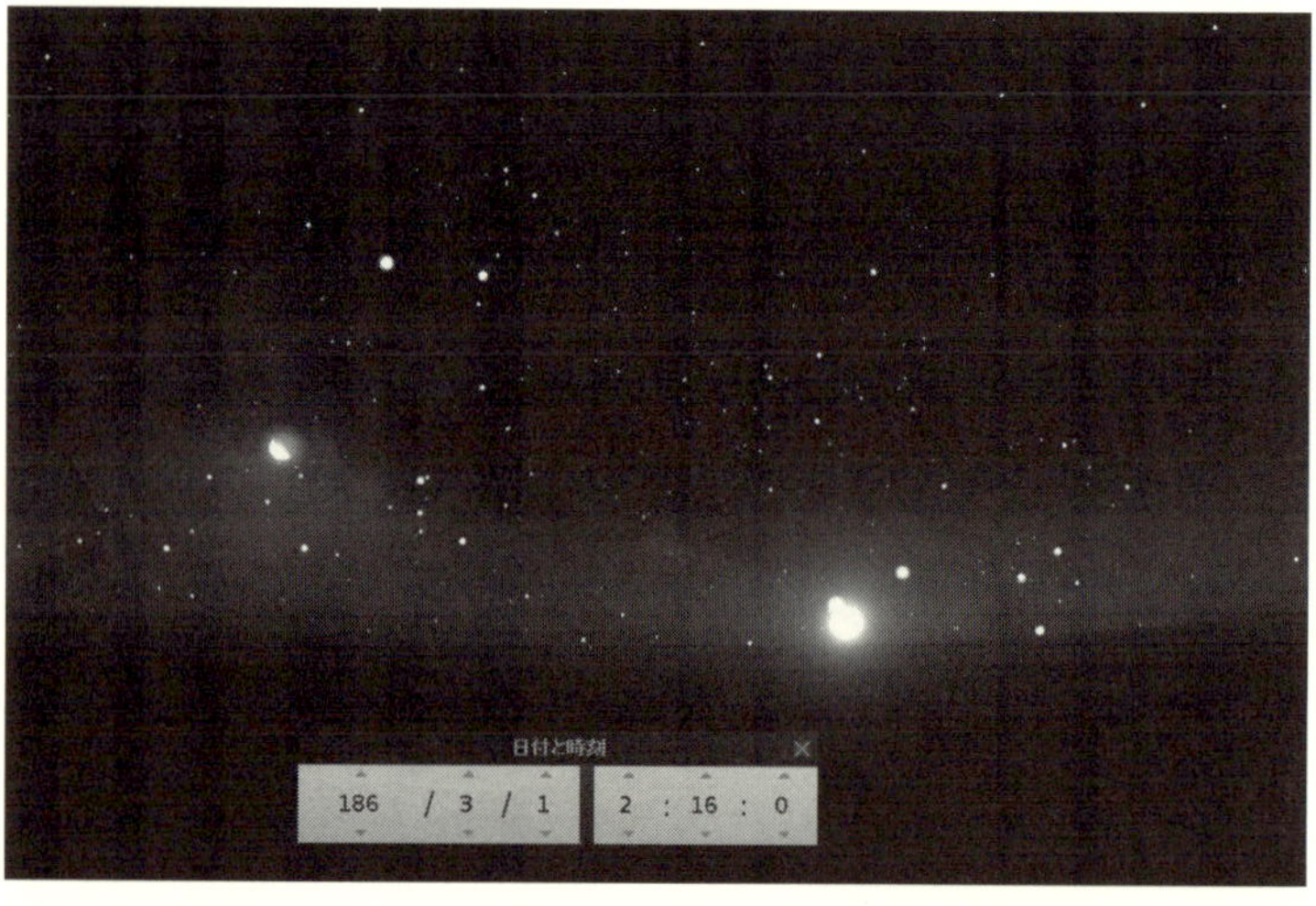

図1・8　186年3月1日の超新星（ステラリウム使用）

上がった。

最後に、アマテラスの天岩屋戸伝説のもとになった日食はいつだったのでしょうか？　その候補は紀元前から七世紀まで多数あり、その特定のための議論は一〇〇年以上も続いています。記紀が成立するまで何回か起こった日食の中で、最大のものは⑩継体天皇の時代五二二年六月一〇日の日食です（図1・9）。皆既帯が列島を縦断し全国ほとんどの地域で暗黒の太陽が見られたはず、しかも皆既時間は日食帯中心線上では六分もありました。こんなスバラシイ大日食でしたが、その記録は見つかっていません。梅雨のさなかで全国的に悪天気だったのか？　それともすっかり忘れられてしまうような日食だったのか？　このころすでに文字は使われていて、刀剣の由来など断片的な記載はあります。

では一五八年、二四七年、二四八年それとも六二八年の日食でしょうか？　いや、どれかひとつの日食に決めつける

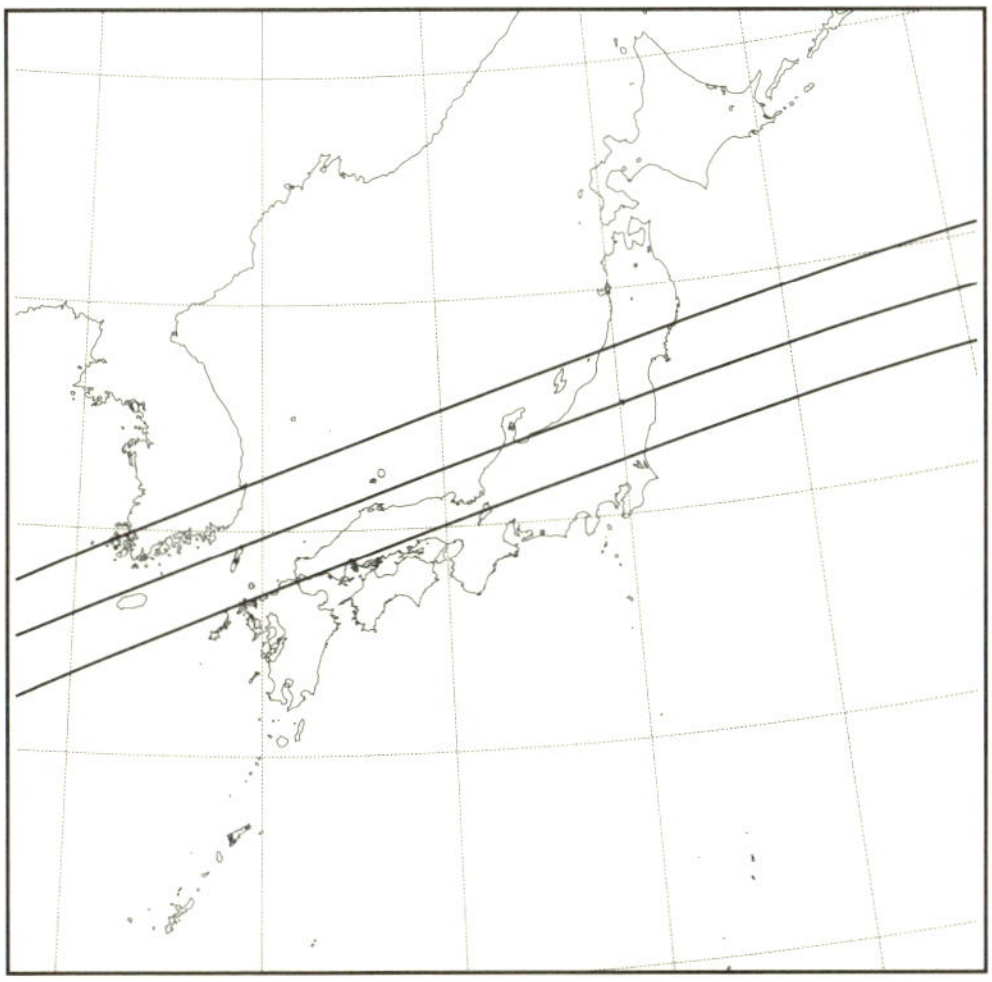
図1・9　522年6月10日の日食図

ことは無理なのではないでしょうか。どれかに特定するのではなく「何回も起こった日食の記憶とそのときの女王、すなわち初代ヒミコから推古天皇までの記憶がすべて重なって伝えられ、七世紀末にアマテラスの伝説にまとめられた」と考えた方が自然ではないでしょうか。

二、古代日本の日食

日本史上の大日食

六世紀・七世紀に隋唐との国交の中で、仏教や律令諸制度とともに天文占星の知識も輸入され、わが国で天文観測、暦計算も行われるようになりました。表1・2はBC六〇〇年～二一〇〇年に京都で見えた（見える）はずの皆既日食・金環日食です。＊印は日の出前に皆既・金環は終わっているので、実際には部分食としてしか見られなかったものです。京都では皆既食は一八五二年以降、金環食は一七三〇年以降二〇一二年まで起こっていません。

表1・2　京都で見られる日食

年　月　日	種別	備　考
BC481年 4月19日	皆既	北九州～近畿～南関東
412年 8月 3日	金環	山陰～近畿～東海
281年 1月30日	金環	南九州～近畿～南関東
AD158年 7月13日	皆既	若狭湾～伊勢湾
522年 6月10日	皆既	山陰～北陸～北関東 皆既時間6分
653年11月26日	金環	北陸～東海・関東
959年12月 2日	＊皆既	近畿中～伊勢湾 日の出時には皆既終了
975年 8月10日	皆既	『日本紀略』に記録
1080年12月14日	金環	九州～東北　縦断 金環時間8分半
1210年12月18日	＊金環	山陰～南紀 日の出時に金環中
1730年 7月15日	金環	山陰～近畿
1742年 6月 3日	皆既	九州～東北　縦断
1852年12月11日	皆既	山陰～近畿～東海
2012年 5月21日	金環	南九州～近畿～東海～関東
2041年10月25日	金環	近畿東部、北陸、東海

平安の都を襲う日食

八世紀末に成立した『続日本紀』※には多数の日食記事がありますが、部分食がほとんどで、中には実際に起こらなかったものもあります。最初の皆既日食記録は平安時代になってからです。歴史書『日本紀略』※によると、円融天皇の時代、天延三年七月一日（九七五年八月一〇日）の日食で、予報は部分食でしたが「如墨色無光、群鳥飛亂、衆星盡見」だったと書かれています。鳥が群がって飛び乱れ、たくさんの星が見えたとは、当時の都人はびっくりしたことでしょう。朝廷ではこのために重罪人を含め大赦を行いました。当時は安倍晴明が天文博士の任にあって活躍していたころですから、この文章はきっと彼の部署で書かれたものでしょう。陰陽師とは妖しげな占い師や超能力者ではなく、天文現象を観測記録していた専門技術者なのです。皆既日食はそれまでに何回か起こっているはずですが、実際に記録が残っているのはこのと

天延三年七月一日辛未、日有レ蝕、十五分之十一、或云皆既、卯辰刻皆虧、如ニ墨色一無レ光、群鳥飛亂、衆星盡見、詔書大ニ赦天下一、大辟以下常赦所レ不レ免者咸赦除、依ニ日蝕之變一也、八月廿七日丙寅、

図1・10　975年8月10日の日食記録『日本紀略』

※続日本紀
文武天皇から桓武天皇までの時代の歴史書。

※日本紀略
神代から後一條天皇までの時代の歴史書。作者不明。

※大地震
『日本記略』による。

きが初めてです。

このときの皆既帯は本州の広い範囲にわたり（図1・11）、西は中国、東はハワイまで伸びています。京都では六時五二分に始まり、七時五五分～五八分の間、皆既が見られたはずです。この皆既日食のために改元が行われたとも言われていますが、実は翌年の七月に京、近江で大地震※が起こり「清水寺で圧死する者五〇人」という状態でした。貞元と改元されたのはその翌月ですから、改元の主な理由は地震と思われます。やっぱり日食より地震の方が怖かったのでしょうね。

一〇八〇年一二月一四日の金環食は金環継続時間が八分半も続き、金環帯は本州を縦断し、わが国史上最大規模でした。

源平合戦と日食

源平合戦のひとつ、水島の海戦は珍しく平氏が勝ちました。時は寿永二年閏十月一日（一一八三年一一月一七日）、場所は岡山県倉敷市水島、今は工業地帯となっています。都落ちした

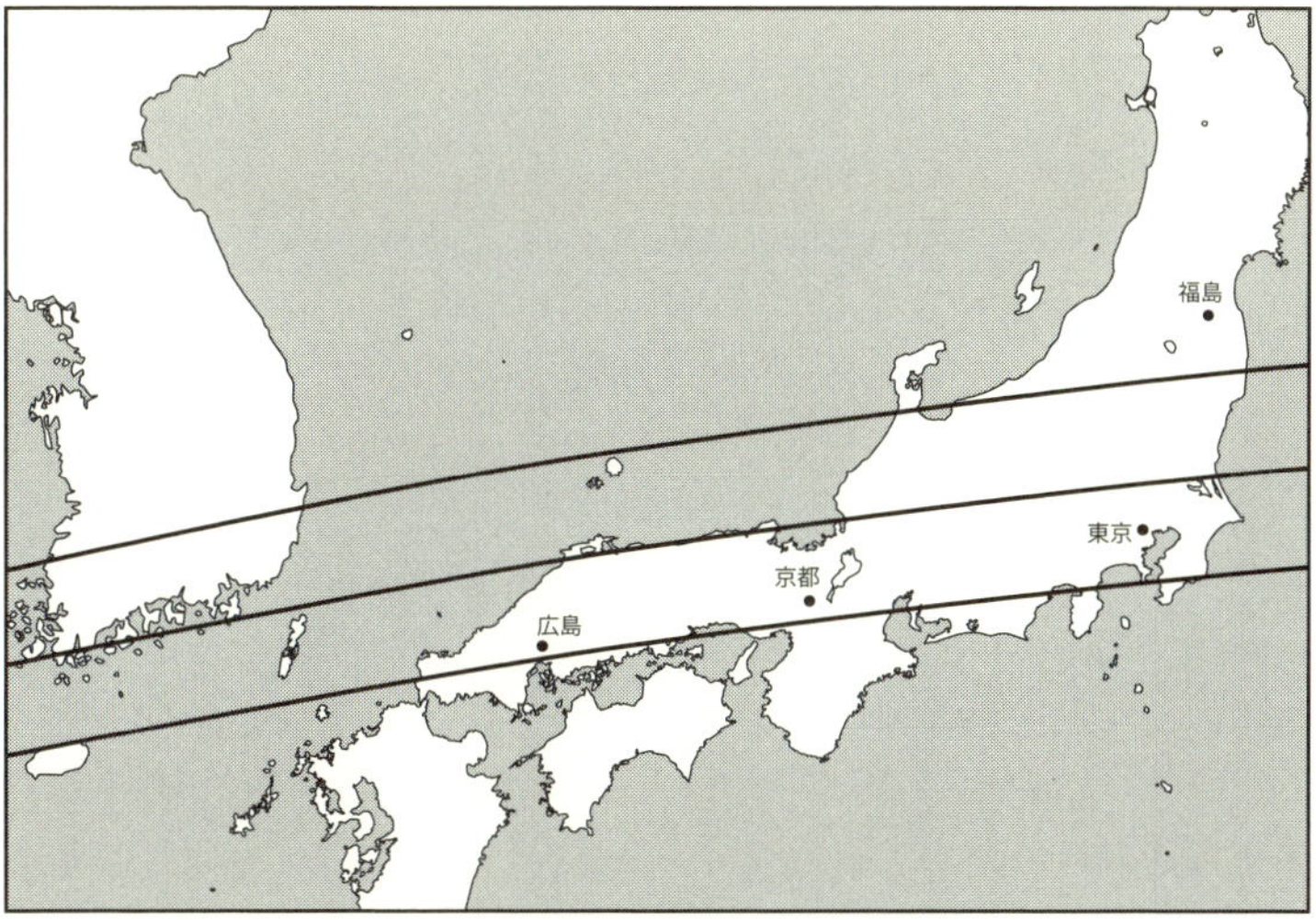

図1・11　975年8月10日の日食図

平氏は再起を狙って源氏の兵を迎え撃ちます。両軍戦っている最中に日食が起こったため、それまで優位に立っていた源氏側は驚きのあまり逃げ出したそうです。平氏方は陰陽師から日食のあることを聞いて知っていましたが、源氏方（実は無学な木曽義仲の兵）は知らなかったそうです。『源平盛衰記』巻三十三には「天俄かに曇りて日の光見えず」と記されていて、金環食だから真っ暗にはならなかったとはいえ、さぞかしびっくりしたことでしょう。このときの金環食は山陰・山陽・四国で観られ、京都では部分食でも九割以上欠けたはずです。（図1・12）義仲は京へ逃げ帰り、後白河法皇に見放され、急速に低落していきました。

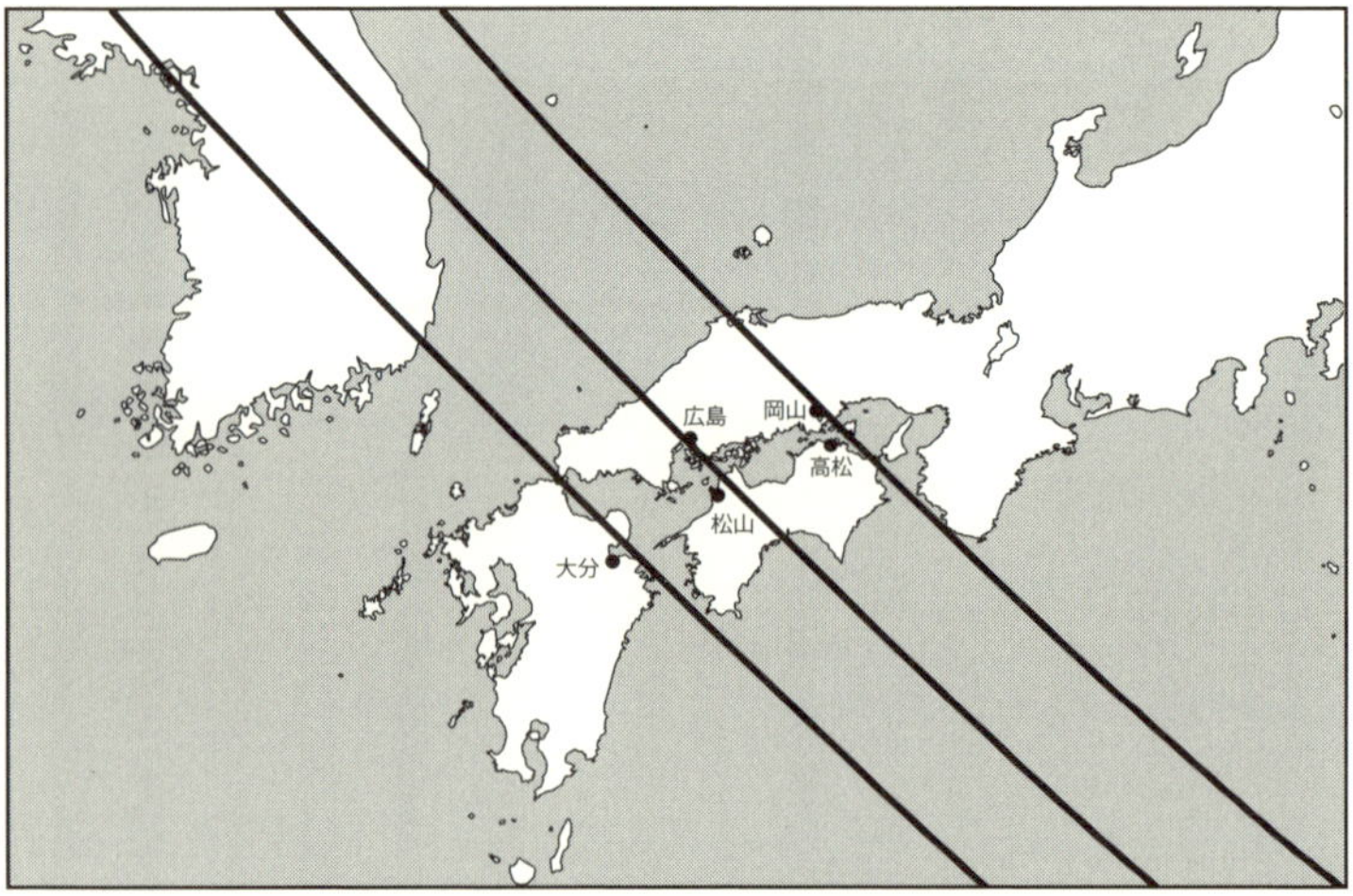

図1・12　1183年11月17日の日食図

三. 日食はいつ起こる

日食の周期と食分

日食の周期が発見されたのは非常に古く、すでに紀元前七〜六世紀ごろバビロニア（別名カルディア）の占星術師たちは、月が二二三回の満ち欠けを経ると再び日食が起こることを知っていました。この周期は六五八五日と三分の一日（〜一八年一〇日または一一日と約八時間）で、今日ではサロスの周期と呼ばれています。サロスの周期ごとに太陽と地球と月が相対的にほぼ同じ位置に来るため、日食または月食は一サロス後にはほぼ同じ条件で起こります。ただし三分の一日という端数のため、地球上で三分の一日（八時間）の時差、経度にして一二〇度離れた地点に移ります。そして三サロス（五四年一か月）後にはまたほぼ同じ地点で見られます。こんなことをバビロニアの占星術師はどうして知ったのでしょうか？ 星座の起こりもバビロニアであり、彼らの天文学はギリシア、インドそして全世界へ伝わっていきました。

ＢＣ二〇〇〇年からＡＤ三〇〇〇年までのすべての日食をＰＣで再現することができ、図１・13、図１・14のような日食図が描けます。

東西に長く伸びる帯状地帯の内部で金環日食（または皆既日食）が、メッシュ内の広い範囲で部分日食が見られます。また曲線A、Bで囲まれた地域は日の出前に日食が始まり太陽が欠けたまま昇る日出帯食、曲線C、Dで囲まれた地域は日食の途中で太陽が欠けたまま

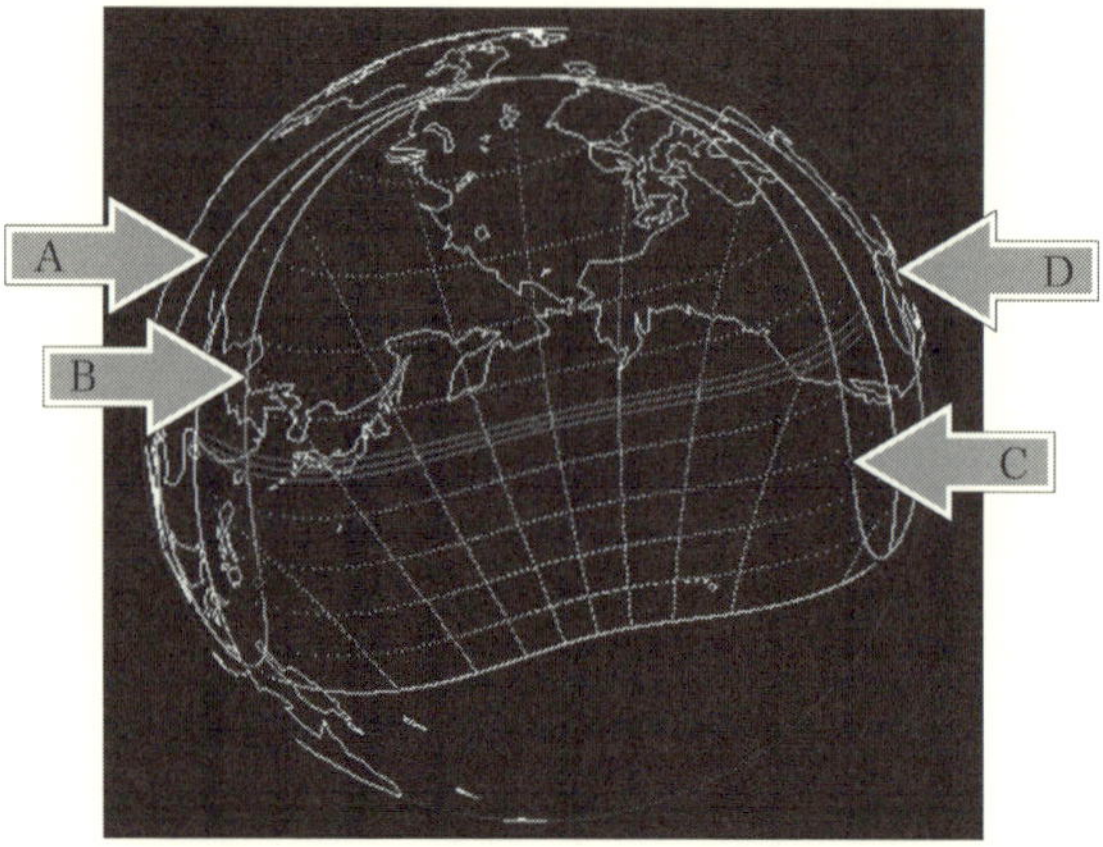

図1・13　2012年5月21日の日食図

図1・14　1958年4月19日の日食図
（EmapWin［p.41 表1・3］より作成）

沈んでしまう日入帯食の地域を表します。A上では日の出時に日食は終了します。Bでは日の出時に日食開始、Cでは日没時に日食終了、Dでは日没時に日食開始となります。図1・13は二〇一二年五月二一日の金環日食図で、それより一サロス前一九九四年五月一〇日の金環日食帯は北アメリカ大陸を横断し、二サロス前の一九七六年四月二九日の日食観測地はアフリカ北部から中央アジアでした。そして三サロス前の一九五八年四月一九日の金環日食は図1・14のように東南アジアから種子島で見られました。わが国で見られる次の皆既日食は二〇三五年九月二日に能登半島から北関東を横切る地帯で見られ、また全国ほとんどの地域で九割欠ける大日食です。これより三サロス前の日食は一九八一年七月三一日に起こりましたが、皆既帯はシベリア樺太を通り、わが国からは見られませんでした。二〇〇九年七月二二日の皆既食より三サロス後の日食は二〇六三年八月二四日に起こり、皆既帯は津軽海峡を挟む地域ですが、近畿では八割程度の部分食です。すべての日食にはサロス番号が付いており、二〇一二年五月の金環食は一二八／五八、三サロス前の一九五八年四月一九日の金環食は一二八／五五です（一一ページ、表0・1参照）

日食観望

二十年前までは深い専門知識と膨大な計算を要した日食の予測を、現在はだれもが机上のPCで行えるようになりました（表1・3）。次の日食は自分の居住地では何時何分に始まるか、どのくらい欠けるか、太陽と月はどのように動いていくかなどがすぐにわかります。BC二〇〇〇〜AD三〇〇〇までのすべての日食が登録されているので、大昔の日食でも眺めることができます。しかも操作は簡単で観測地点はGoogle Map上で指定できます。また結果の図の見方や日食用語の解説も載っています。表1・3の①②③はインターネットでご覧ください。④⑤はインターネットからダウンロードし、インストールしてお使いください。

現在、月は地球から約三八万キロメートルの距離にいますが、年に三・八センチメートルずつ遠ざかっています。その原因は、潮の満ち干にあり、海水の動きは海底との摩擦や地形などの条件によって、地球の自転にブレーキをかける働きをしています。このため、地球の自転速度は一〇万年に一秒の割合で遅くなっています。過去ではもっと速く自転していました。古生代には一日は二二時間、一年は約四〇〇日だったことが化石調査からわかっているそうです。ブレーキによって奪われたエネルギーは地球と同じ重心をまわる月の側へ移り、月の運動エネルギーが増加し、結果として月は地球から離れていきます。とはいえ月は地球から永遠に離れ続けていくわけではなく、地球の自転周期と月の公転周期が一致

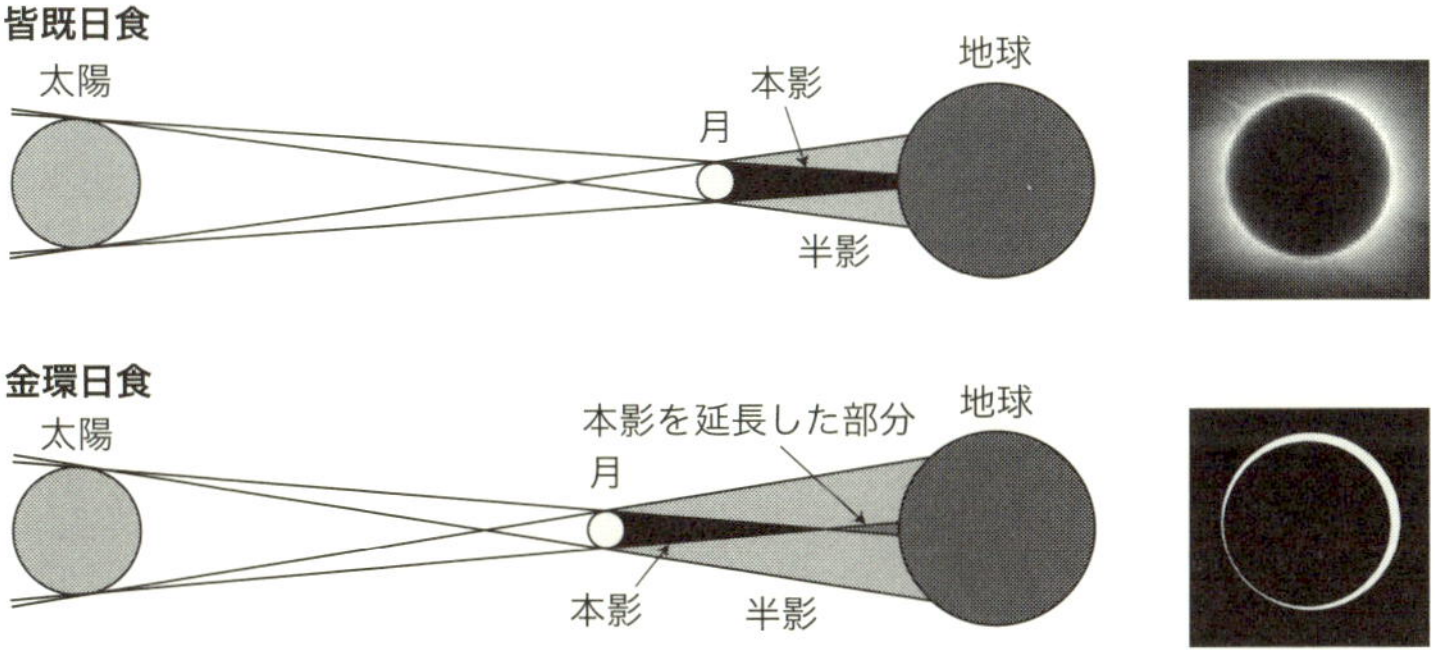

図１・15　皆既日食と金環日食

表１・３　日食フリーソフト

ソフトまたはサイト名	有効年	備考
①国立天文台天文情報センター暦計算室 http://www.nao.ac.jp/koyomi/	2001年～2035年	月食、日面通過、暦計算も
②日食情報データベース http://www.hucc.hokudai.ac.jp/~x10553/	BC2000年～3000年	月食、日面通過も
③NASA Eclipse Web Site http://eclipse.gsfc.nasa.gov/eclipse.html	同上	英語
④EmapWin http://www.kotenmon.com/cal/emapwin_jpn.htm	同上	
⑤つるちゃんの日食ソフト http://homepage2.nifty.com/turupura/nissyoku/soft/nissyoku.html	1980年～2099年	様々な描画可

すれば終わりますが、その値は約五〇日。このとき月と地球の距離は現在の約一・五倍となり、月の見かけの大きさは約三分二、したがって皆既日食は起こらず、金環日食でも日環が大きすぎます。地球と月はいつも同じ面を向き合って、月はいつも天空の同じ場所にいて、満ち欠けも月の出・月の入りも見られなくなります。地球と月は見えない棒でつなぎとめられていて、なんだか味気ないですね。この状態は冥王星から衛星カロン※を見るのと同じです。

一九世紀以降、皆既日食の天体物理的な意義は太陽コロナの観測でした。普段は太陽光が眩しすぎて見られないコロナの中に未知の輝線が発見され、新元素コロニウムと名付けられましたが、実は高電離の鉄イオンによるものでした。筆者は学生時代に、皆既日食はコロナやプロミネンスの物理状態・加熱機構の研究のため欠かせない天文現象だと習いました。しかし、人工衛星が地球の外から太陽を観測し常時コロナが見える現在、わずか二～三分のためにわざわざ皆既日食観測に遠路出かける必要はあるのだろうか？　専門家には怒られそうなこの素人質問に答えてくださったのは大阪のＫ氏でした。

「そりゃあんた、皆既日食を見たことがないからや。いっぺん見たらやみつきになりまっせ。今度一緒に行きましょ」

なるほど、これこそが天文屋の原点！　しかしながらＫ氏は、二〇〇九年の皆既日食前に亡くなられて実現できませんでした。

遠方の島へ行かなくても、インターネットによる日食ライブにより、リアルタイムで日

※カロン
九四ページ参照。

食観望ができます。とはいえやはり生で見たいもの、ただし肉眼で直接見ることは、絶対に避けて日食メガネを使いましょう。

黄道と白道

日月火水木金土をはじめすべての星々は規則正しく東から西へ運行しているように見えますが、当然これは地球が西から東へ自転しているためです。この周期が二四時間よりやや短いことは数日続けて観測すればわかります。星の南中から南中までの間隔は二三時間五六分四秒で、天動説の立場にたてば、天球は天の北極・天の南極を軸としてこの周期で回転しています。地球と同じく北半球・南半球・赤道が定義されます。古代の占星術師は天球上に固定されている天体を恒星と、位置を変えているものを惑星と名付けました。太陽も毎日位置を変えますが、ある径路に沿って進み一年で元の位置に戻ります。月はまた別の径路で、一月で元の位置に戻ります。それらの径路を黄道、白道といいます（図1・17）。

図1・16　日食メガネ
（黒河宏企『あすとろん』17号、p.3、花山星空ネットワーク発行、2012年）

　惑星はほぼ黄道に沿ってそれぞれの周期で運行してい

ます。赤道と黄道は約二三・四度傾いていますが、地動説的説明では地球の自転軸と公転面の傾きです。赤道と黄道の交点は二つあり、春分点・秋分点といわれ、また白道と黄道とは約五度傾いていて、その二交点を昇交点・降交点といわれます。これらの点に星があるわけでもなく、ましてや特別な印がついているわけでもありません。春分点は♈で表しますが、これはギリシア文字のガンマではなく、羊の頭をかたどったものです。また月の昇交点の記号は☊、降交点の記号はその逆印（☋）です。

天球にも地球の経度・緯度にあたる座標があり、一般には赤道に基づいた赤経・赤緯を使いますが、太陽・惑星の場合には黄道に基づいた黄経・黄緯を使います。その原点は春分点で、黄経は〇度から三六〇度、黄緯はマイナス九〇度から九〇度までの値をとります。太陽の黄緯は常に〇度で、黄経は春分の時点で〇度、そ

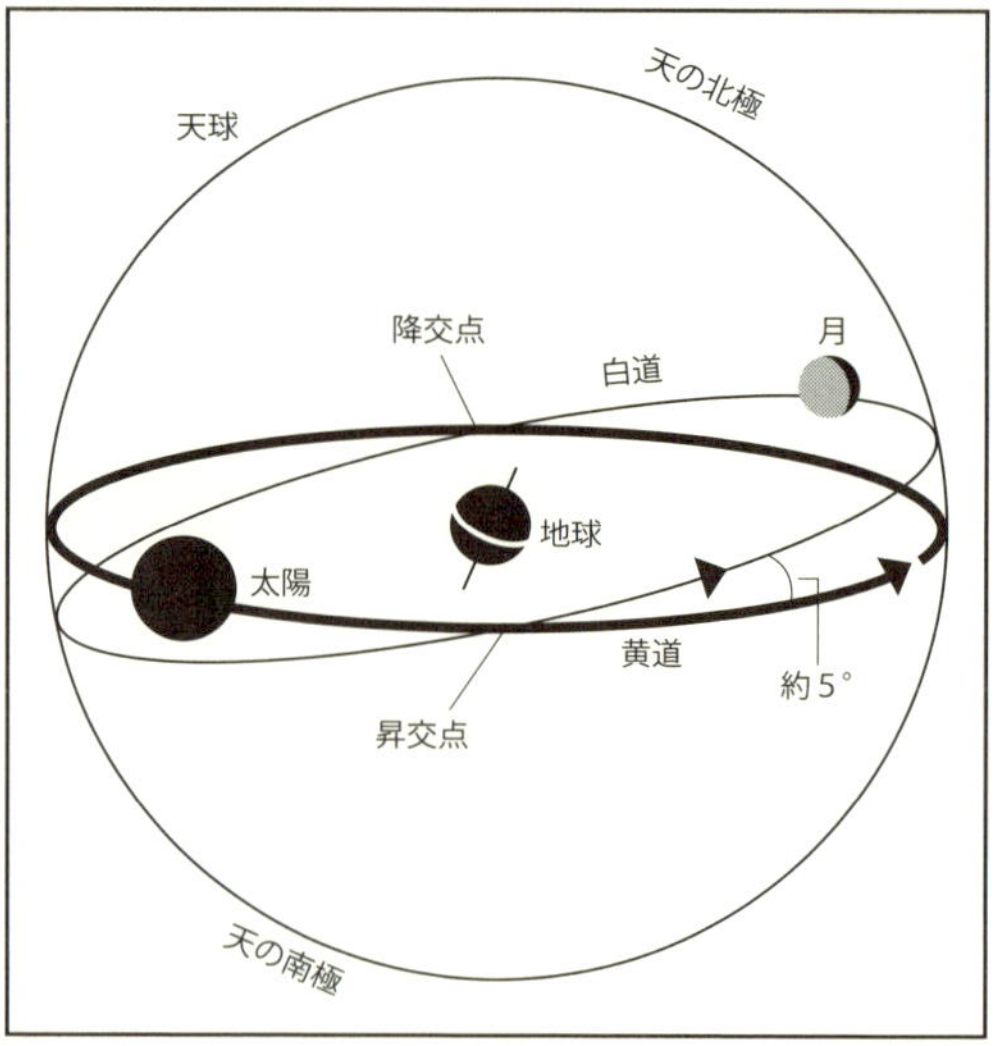

図1・17　黄道と白道

こが春分点。秋分の時点で一八〇度、そこが秋分点です。

サロスの周期のからくり

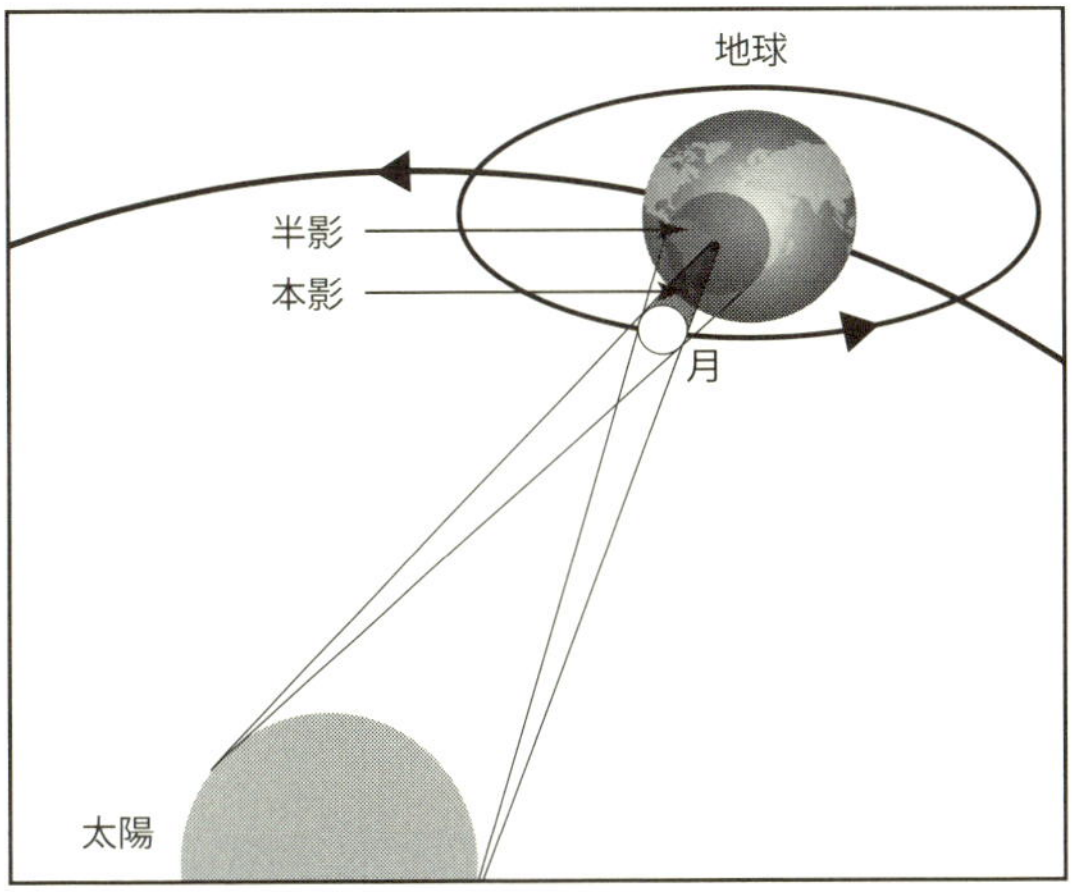

図1・18　日食時の太陽、地球、月

これを知るために月の運動の説明から始めましょう。月の満ち欠けの周期（朔望周期）は二九・五三〇六日で地球の周りを公転する周期二七・三二一六六二日より長いのはなぜでしょうか？　地球の公転・自転・月の公転はすべて同方向で、北極の方向から見て反時計回りです。月が地球の周りを回る間、地球も太陽の周りを回っているので図1・18では左に移動します。従って月が一公転した後には地球から見て太陽と月は同方向ではなく、同方向になるにはもう二日強が必要となります。地球中心の座標系（図1・17）で考えると、太陽は黄道上を三六五・二四二二九日で、月は白道上を二七・三二一六六二日で西から東へ移動しています。同一点から出発してもスピードは月の方が速く、一周したときには太陽はやや前を進んでいます。黄経が同じになったときが新月で、ここまでの期間が朔望周期です。傾きがあるので一般には重なりません。もし新月が両道の交点で起これば、日月は重なって見えるので日食となるというわけです（満月の場合は月食）。ところが両道は固定されているわけではなくその交点は黄道上を太陽と逆向きに移動しているのです。その結果、太陽は交点を出発して黄道上を進んで一周する前に交点に戻って来ることになります。その期間は一年より短く三四六・六二〇日となり、この数値を食年といいます。月も交点を出発して白道上を進んで交点に戻ってきますが、その期間は公転周期より短く二七・二一二二日であり、この数値を交点月といいます。この運行を太陽がｍ回繰り返す期間と、月がｎ回繰り返す期間はほぼ同じというようなことがあれば、この期間が経過するとまた日食が起こることになります。

では、346.620m ≒ 27.2122n となるような整数※ｍ、ｎを求めましょう。

最も簡単なペアは、m=19, n=242 ですね。

※整数ｍ、ｎ
ｎ＝（346.620／27.2122）ｍにおいてｍに100までの自然数を順に代入して計算されたｎがほぼ自然数になるものを拾っていくとｍ,ｎの組み合わせとして（19, 242）（23, 293）（42, 535）（61, 777）（80, 1019）（99, 1261）が求まる。

19食年=346.620日×19=6585.780日

1242交点月=27.21222日×242=6585.357日

これらの値は223朔望月=29.5306日×223=6585.323日にも非常に近くなっています。太陽が黄道を一九回、月が白道を二四二回まわり、さらに朔望を二二三回繰り返す期間はほぼ等しくなります。この期間は閏年を四回または五回含むので一八年と一〇日または一一日と約三分の一日となります。

なお、サロス番号（三九ページ）、サロス周期について、詳しくは表1・3（四一ページ）の②日食情報データベースに述べられています。

Column 1

閏年

現在世界中で使われている暦には数年に一度閏年が置かれ、二月が二九日まであります。閏年とはどのように決められ、また、なぜ二月末に一日加えるのでしょうか?

閏年は次の二つの条件のどちらかに当てはまる年で、それ以外は平年です。

（a）西暦年が四〇〇で割り切れる年

（b）西暦年が四で割り切れるが一〇〇で割り切れない年

二〇〇〇年は（a）により閏年であり、一九〇〇年や二〇一〇年はどちらにも当てはまらないので平年です。

現行暦はグレゴリオ暦といわれ一五八二年から施行されていますが、ヨーロッパでその前に使われていたユリウス暦では単純に西暦が四で割り切れる年はすべて閏年としていました。四年に一度、一年を三六六日としているので、一年の平均日数は365＋1／4＝365.25であり、一方、一年の日数は365.242194…日（回帰年）だから、一年につき0.0078≒（1／128）日の誤差が出ます。このわずかな誤差でも一二八年経つと一日の誤差を生みます。個人の日常生活にはそこまでの正確さは必要ありませんが、長期間にわたって定例行事を行うとなれば、これでは不十分です。キリスト教の重要行事である復活祭（イースター）は基本的に「春分の日の後の最初の満月の次の日曜日」（諸説あり）ですから、春分の日を正確に決めねばなりません。ユリウス暦は一五〇〇年以上も使われていたため、春分の日は前へ前へずれていき、一六世紀には三月一一日になっていました。そこで当時のローマ教皇グレゴリウス一三世は学者たちを招集して暦の研究を行わせ、一五八二年に閏年を前述のように置く新暦（グレゴリオ暦）を制定公布しました。同年一〇月四日（木曜日）の翌日は一〇月一五日（金曜日）となったため一〇日間は空白となりましたが、曜日は連続しています。グレゴリオ暦では閏年を四〇〇年間に $400/4-400/100+400/400=97$ 回置いているから、一年の平均日数は $365+97/400=365.2425$ となります。二〇一三年現在でユリウス暦は一三日遅れています。

　グレゴリオ暦は、ローマカトリック系の国（スペイン、ポルトガル、フランス、イタリア・南ドイツ諸都市・諸国など）ではすぐに採用されました。この日を生きていたガリレオの場合、生年月日はユリウス暦一五六四年二月一五日で、没年月日はグレゴリオ暦一六四二年一月八日です。しかしプロテスタント系の国（イギリス、スウェーデン、北ドイツ諸国など）では約二〇〇年も遅れ、イギリスでは（植民地だったアメリカを含む）一七五二年からです。最も遅れるのは東方正教会系の国（ロシア、ギリシアなど東欧）で、第一次世界大戦ころまでユリウス暦を使っていました。アジア諸国は一九世紀後半～二〇世紀初に太陰太陽暦から太陽暦に切り換えますが、ユリウス暦は使っていません。わが国で太陽暦が採用されたのは明治六年（一八七三年）からで、正確には旧暦の明治五年一二月三日がグレゴリオ暦の明治六年の一月一日に変わりました。したがって明治五年一二月には三日以降はなかったのです。閏年に一日加える日が二月末になっているのは、古代ローマ暦ではMartius（後の三月）が年初で、Februarius（後の二月）が年末だった風習を引き継いだためです。

グレゴリオ暦でも閏の問題は完全に解決したわけではなく、三三二〇年につき一日ずれます。そこで新しく正確な暦を作ってみましょう。y年の間にx回閏年を置くと、一年の平均日数は365＋x／y日であり、それが一回帰年365.242194…日に近くなるような自然数xとyを探していきます。一〇〇〇年間にわたって調べた結果、最も誤差が小さいのは閏年を九二九年間に二二五回設ける場合ですが、このような閏年を設置することは非常に困難です。実用性のありそうなのは、一二八年間に31（＝128／4－1）回の閏年を置く場合で、具体的には、

（1）西暦年が四で割り切れる年は閏年

（2）ただし、西暦年が一二八で割り切れる年は平年

とすればいいでしょう。一二八で割り切れるとは、三回続けて四で割ったときの商が偶数であるということです。その場合（1）より二一〇〇年は閏年で、（2）より二〇四八年は平年となります。

第二章　五つの星が集う夜——惑える星々が語る天変

惑星の異常接近・離散集合は、古代人の注目の的となり、特に中国では王朝の命運と関連付けられてきました。

この章では、出雲の国譲り、夏殷周漢王朝の始まり、イエスの誕生年などを引き起こした星の正体を探り、それらの年代を推定します。

一．古事記にあらわれる五惑星

アマテラスとスサノヲの誓約

古事記には天岩屋戸日食のほかにも天文記事と思えるものがいくつかあります。

スサノヲが高天原にやって来るのをアマテラスは男装して待ち構える。ところが決闘ではなく天の安の河で「誓ひ（うけい）」によって決着をつけることになった。まず、スサノヲの十拳剣《とつかのつるぎ》から三柱の女神（タキリヒメ、イチキシマヒメ、タキツヒメ）が生まれる。次にアマテラスの八尺の勾玉から五柱の男神（アメノオシホミミ、アメノホヒ、アマツヒコネ、イクツヒコネ、クマノスクビ）が生まれる。このうけいでは女神を生んだスサノヲの勝ちであった。

姉弟対決で大乱戦になるかと思ったら、ジャンケンみたいな平和的解決で何よりです。これを強引ではありますが「三女神とはオリオン座の三つ星で、五男神とは水星・金星・火星・木星・土星の五惑星であり、天の川のほとりで起こった五惑星集合」と解釈しましょう。

アメノワカヒコの葬儀

天岩屋戸伝説と天孫降臨の間には次のような記述があります。

アマテラスとタカミムスビは豊葦原中国《とよあしはらのなかつくに》（地上界）を征服するため、まず荒ぶる神を説得して帰依させようとアメノホヒをオオクニヌシの元へ派遣するが帰ってこない。そこでアメノワカヒコを派遣するが八年たっても帰ってこなかった。オオクニヌシは争うでもなく、従うでもなく、何と彼らを取り込んでしまう。アメノワカヒコを娘シタテルヒメの婿にしてしまったのである。そこで鳴女《なきめ》という雉《きじ》が派遣される。ところがキジはアメノワカヒコに射殺され、その矢は高天原のタカミムスビの足元まで届く。タカミムスビはその矢を投げ返したところアメノワカヒコの胸板に当る。シタテルヒメの悲しみの泣き声は高天原まで届き、彼の葬儀には彼の父母も参加す

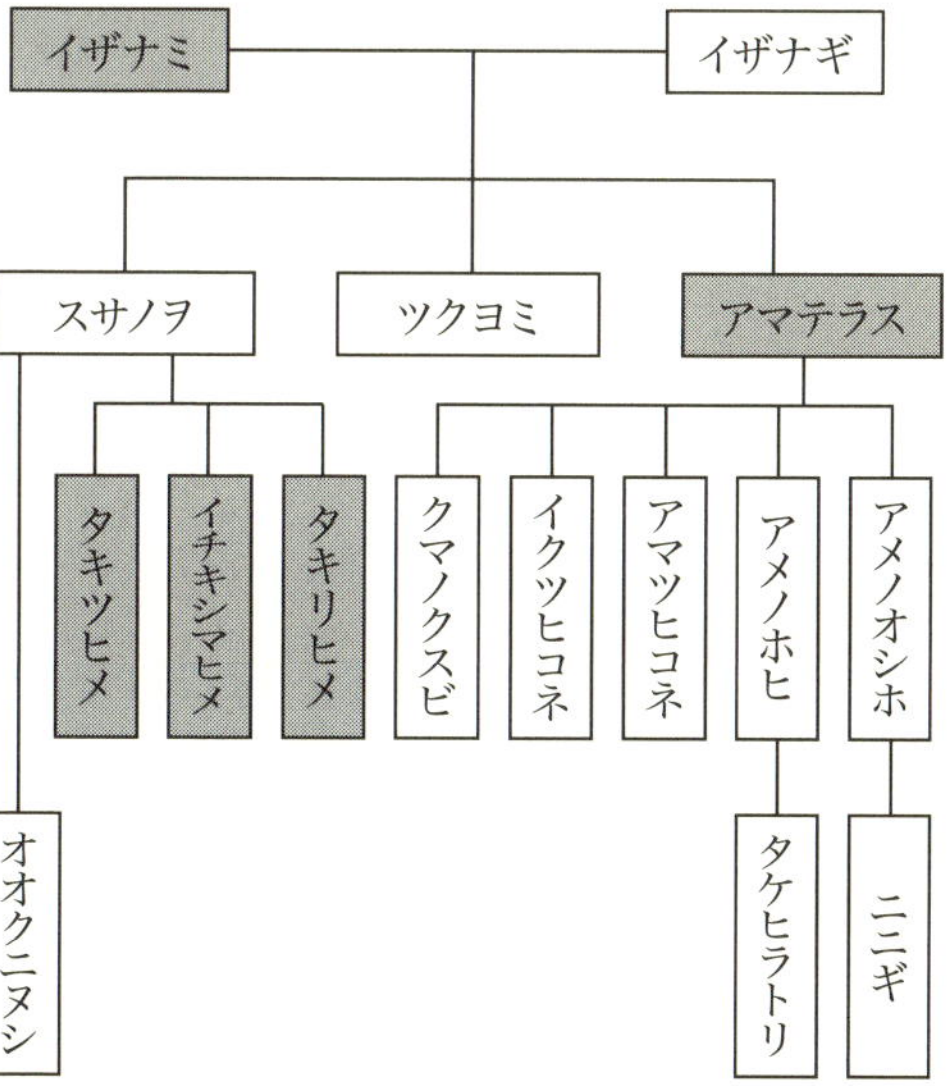

図２・１　国譲り関連系図

る。殯屋《もがりや》（遺体をしばらく通夜のため仮安置した施設）では河の雁を死者に食事をささげる役とし、鷺《さぎ》を殯屋の掃除をするものとし、翡翠《かわせみ》を食事をつくる役とし、雀《すずめ》を米をつく女とし、雉を泣き女として、八日八晩の間、連日にぎやかに遊んで死者の霊を迎えようとした。

表２・１　１～４世紀の五惑星集合

日　時	範囲（度）	星　座
12年11月27日　日の出前	38	おとめ～さそり
95年10月 3日　日の出前	35	おとめ
115年 6月 5日　日の出前	38	おうし
131年 9月20日　日没後	42	てんびん～さそり
153年10月 3日　日の出前	30	おとめ
172年 1月25日　日没後	39	うお
234年 4月 2日　日没後	27	おうし
254年 2月 9日　日の出前	34	やぎ
272年 8月 1日　日没後	17	しし～おとめ
292年 6月 8日　日の出前	24	おうし
332年10月 6日　日の出前	9	しし
334年 9月28日　日没後	34	てんびん～さそり
354年 8月13日　日の出前	37	ふたご～しし
394年12月12日　日の出前	37	さそり～いて

オオクニヌシは高天原の神々より一枚上手のようです。こうして高天原の第一次、第二次出雲征服計画は失敗してしまいます。葬儀にやって来た五羽の鳥とは五惑星のことで、この事件も五惑星の集合という天象と考えてみようというのは横尾武夫氏（大阪教育大学名誉教授）の卓見です。

そこで紀元一年～四〇〇年の

間に五惑星が四五度以内に収まる日を探してみましょう。太陽近くで見えないものは除き、表2・1のように一四回見つかりました。

アマテラスとスサノヲの誓約にあたる天象については、この中におうし座への集合が三回ありますが、一一五年と二九二年の場合には、おうし座の五惑星が見える時刻にはオリオン座は東の地平線下です。そこでオリオン座の近くで起こった五惑星集合の最適解は二三四年四月二日の日没後となります（図2・2）。

五羽の鳥に相当するものとしては二七二年または三三二年の天象がふさわしいようです。前者は邪馬台国女王トヨがまだまだ四〇代の現役で、晋の皇帝へ使者を派遣（二六六年）した数年後です。後者はこの五回の中では最もコンパクトな集合で新月前の細い月も加わっています。当時は中国も朝鮮もわが国も分裂状態で史書に記録のない時代です。どちらとも決め手はありませんが、八日八晩のお通夜という古事記の記述には前者の方がふ

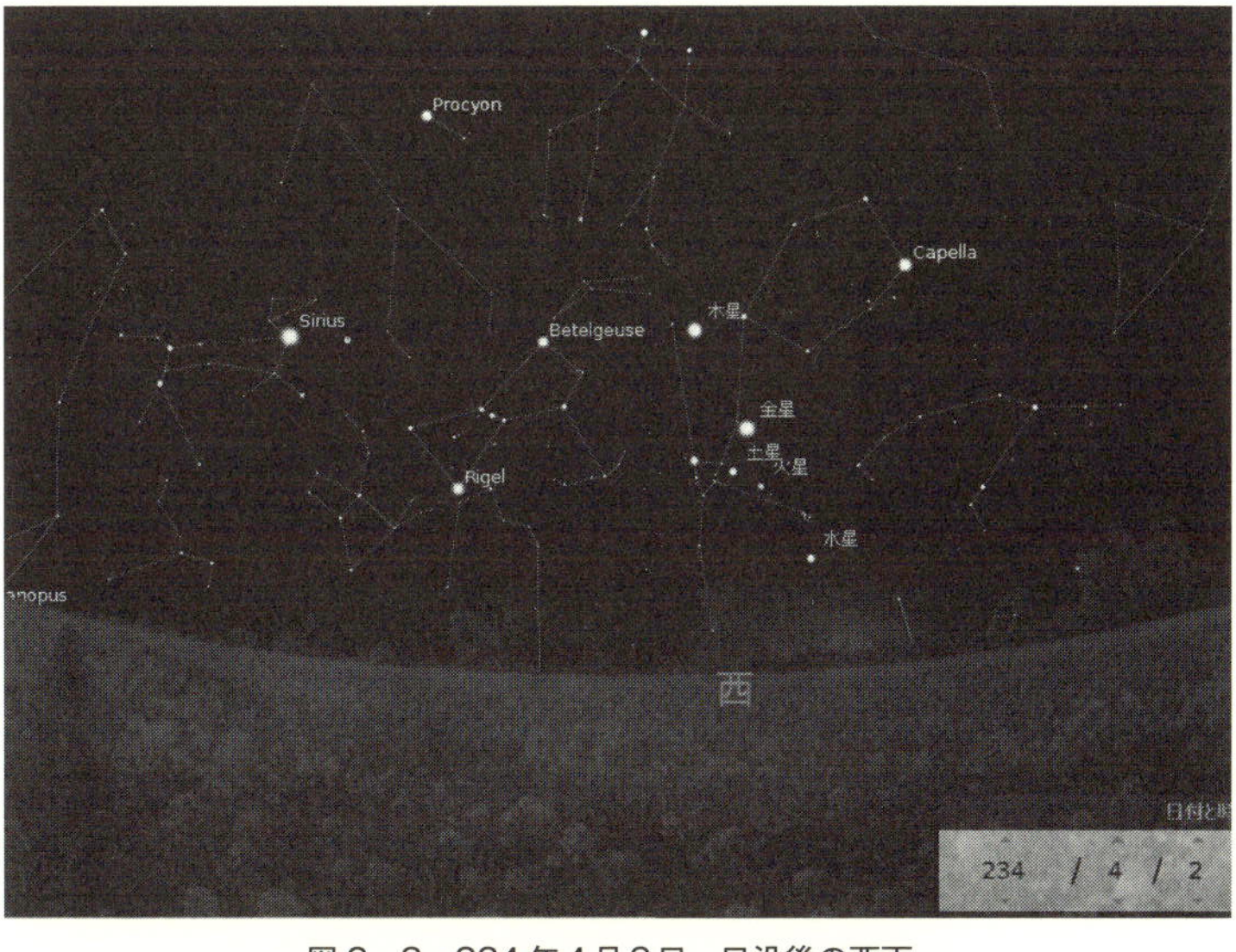

図2・2　234年4月2日　日没後の西天、
オリオン座と五惑星集合（ステラリウム使用）

さわしいようですね。

この後、出雲の国譲り・天孫降臨と続いていきます。

では最初に派遣されたアメノホヒはどうなったのでしょう。実は彼はアマテラスの次男で後に天孫降臨したニニギの叔父にあたります。彼もオオクニヌシの配下に取り込まれたようで、彼の子タケヒラトリは出雲大社の祭祀・出雲国造となり、その系譜は現在まで続いているそうです。

ツクヨミ（月読命）はアマテラス、スサノヲと同時に生まれ、イザナギから夜の国を治めるよう命じられますが、その後登場しません。

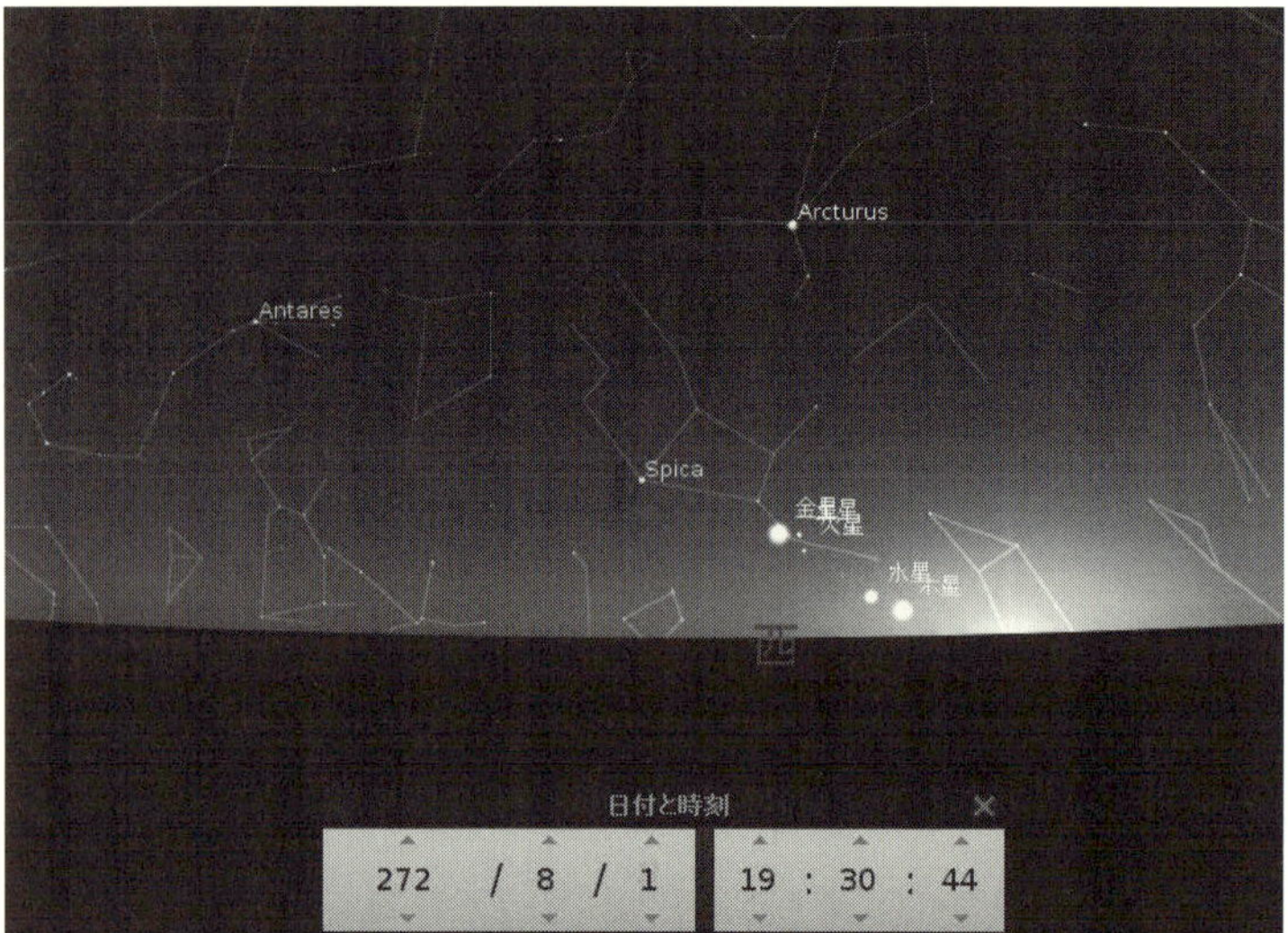

図2・3　272年8月1日　日没後の西天、五惑星集合（ステラリウム使用）
右下から左上へ木星・水星・火星・土星・金星が並ぶ

二．夏殷周王朝の始まり

五帝伝説

「殷周秦漢《いんしゅうしんかん》……」という替え歌で中国の王朝名を暗記した人も多いでしょう。私たちが世界史で習う中国最初の王朝は殷（商）となっていますが、現在、その前の夏王朝の存在を示唆する遺跡が発掘されつつあります。公式な中国最初の歴史書である『史記』は、司馬遷（BC一四五？～BC八七）によってBC九〇年ごろ成立しました。それは一二本紀、三〇世家、八書、一〇表、七〇列伝から成り、全部で一三〇巻、五二万文字という大著で、単に王朝の推移の記録だけではなく、暦書・天官書などをも含み、百科事典ともいえます。その後の中国の歴史書のお手本となりました。

その第一巻である「五帝本紀」によると、最初は五帝の時代です。五帝とは黄帝《こうてい》—顓頊《せんぎょく》—帝嚳《こく》—帝堯《ぎょう》—帝舜《しゅん》という五人の理想の聖帝を指します。黄帝は最初の天子で、中華文化産業の始祖だそうです。第二代、第三代には特筆する事件はないようですが、第四代の堯は古来中国で理想の聖天子と言われ、羲《ぎ》氏と和《か》氏を天文官に、鯀《こん》を治水工事責任者に任じます。羲氏と和氏は日月星辰《※じつげつせいしん》を観察して春分・夏至などを定め、暦作りに成功したそうですが、

※日月星辰
太陽・月・星のこと。『書経』より。

鯀は九年やっても黄河の氾濫を収められず責任を取らされたそうです。そのころは太陽が一〇個あり、交代で地上を照らしていましたが、あるときに一〇個が一度に地上を照らすようになったために地上は灼熱地獄となりました。堯は弓の名人である羿《げい》に命じ九個の太陽を打ち落とさせたそうです。これにあたる天文現象は不明ですが、堯の時代に洪水や異常高温などの天災に襲われたのかもしれません。温暖化対策に成功して世界を救ったのならまさに聖天子ですが！

堯から禅譲された舜は鯀のできなかった治水工事をその息子の禹《う》に引き継がせます。禹は一三年間自宅に戻らず工事の現場監督をして黄河治水に成功したそうです。

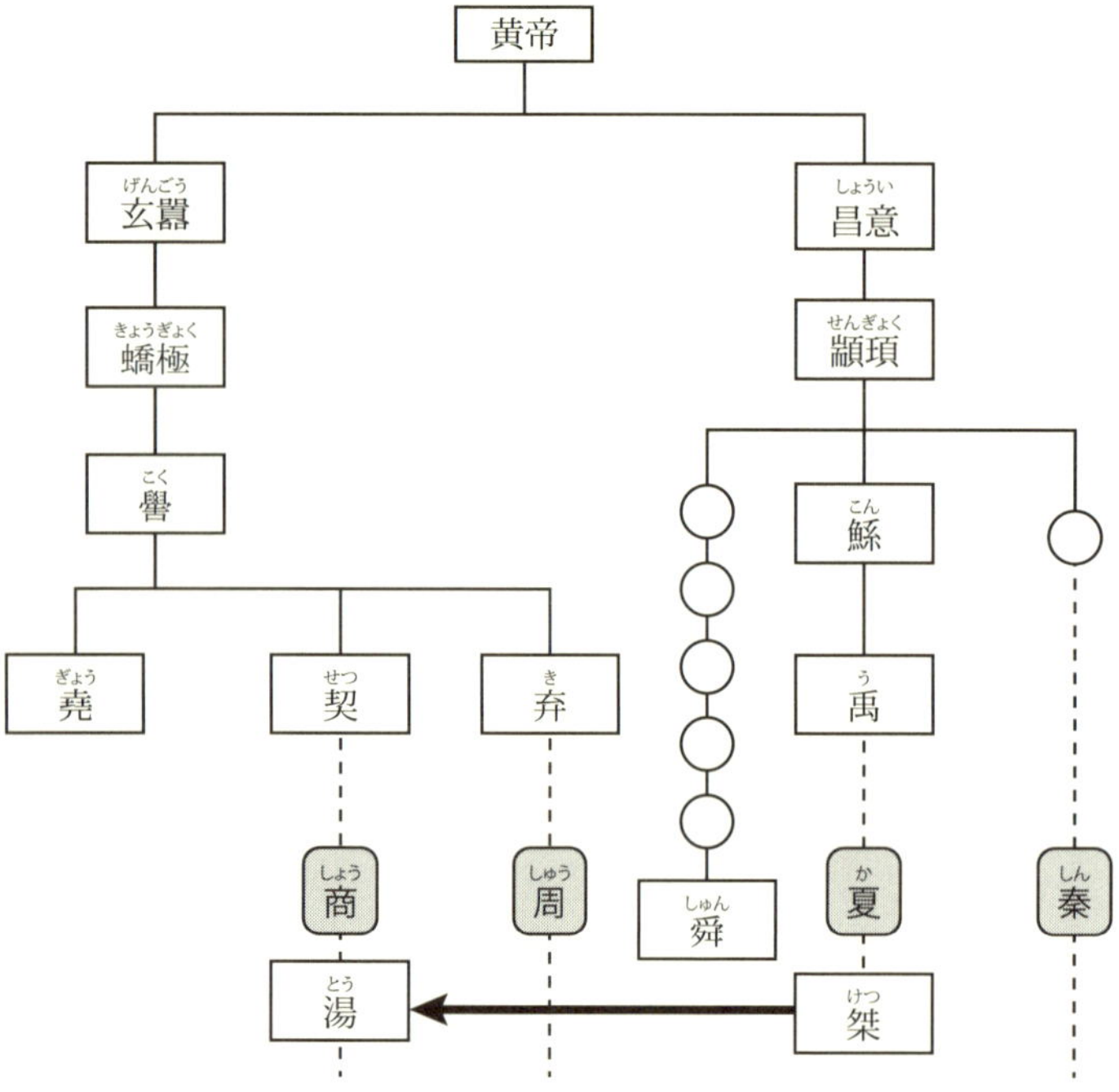

図2・4　中国古代王朝系譜

夏と商

舜から禅譲を受けた禹も五帝に準ずる聖君と敬われ、その後は息子の啓《けい》が継ぎ、ここから世襲が始まります。これが夏王朝で、桀《けつ》という暴君で終わります。次の商（殷）の初代は湯《とう》という聖君で、桀を放伐し（武力革命）、諸侯に推されて天子の位に就きますが、最後の王は紂《ちゅう》という暴君です。中国古代王朝は聖天子で始まり暴君で終わるというのは定番です。夏の帝は初代の禹、二代目の啓、最後一七代の桀を除けば無名で、しかも暗愚な帝王たちです。第三代太康《たいこう》は国を追われ、第五代の相《しょう》のときには后羿《こうげい》、寒浞《かんそく》による反乱が起こり、夏は一時中断します。

商とその次の周は帝嚳の子孫と称しています。また始皇帝を輩出する秦《しん》は夏と同じく帝顓頊の子孫と称しました。周時代には夏の末裔は杞《き》、商の末裔は宋《そう》という小国が実在し、周末の春秋戦国時代まで続いています。ただし夏商周の版図は黄河中流を拠点とするもので、中国全土を占めていたわけではありません。

夏はいつごろ？　肝心の年代はわかりません。ＢＣ二〇七〇年ごろ～ＢＣ一六〇〇年ごろと中国では言われているそうですが、まだ文字がなく歴史書はすべてずっと後の世に書かれたものです。一〇世紀に書かれた『太平御覧《たいへいぎょらん》』巻七引『孝經鉤命訣《こうきょうこうめいけつ》』に「禹時五星纍纍如貫珠、炳炳若連璧」（禹の時代に五星が連なり輝いた）という伝承が記載されているそ

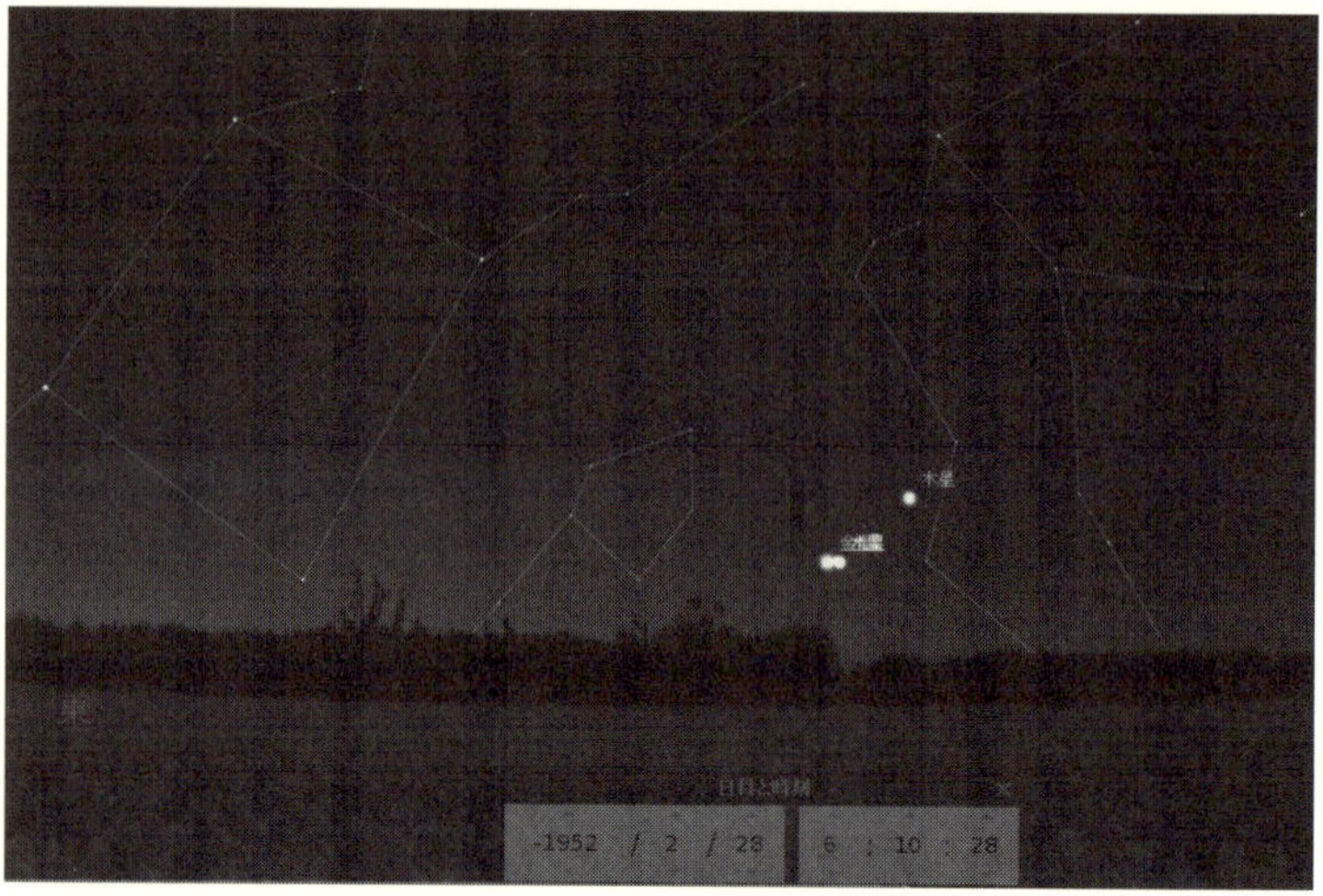

図２・５　BC1953年２月28日　夜明け前の東天（ステラリウム使用）

うです。この文の信憑性には問題がありますが、五惑星の集合の記録と考えてみましょう。実は八八ページに述べるようにＢＣ一九五三年二月末に六〇〇〇年間で最もコンパクトな五惑星の集合が起こっています。日の出前、東南の低い空にやや離れた木星と水金火土の四星がひしめ合って集まっているのが計算から求まります。当時の記録は世界中どこにもありません……文字がないから当然ですが。もしこの伝承がこの天象を指しているなら、禹はＢＣ一九五〇年ごろの人となります。ユダヤ・アラブの共通の先祖であるアブラハムや古バビロンのハンムラビよりも前です。

　夏の年代を知るためのもうひとつの天文現象は日食です。第四代仲康《ちゅうこう》の時代に羲氏と和氏という天文官が酒色におぼれて日食予報をサボり、暦を乱したのでクビ（罷免ではなく死刑）になったとか、恐ろしい話が伝わっています。天文官たるもの、命がけで計算して予報を出さねばならず、星空を楽しむ余裕はなかったようですね。この日食の日付は、詳しすぎてかえってアヤシイですが『書経《しょきょう》』※では「季秋月朔」と、また『竹書紀年《ちくしょきねん》』では「帝仲康五年秋九月庚戌朔」となっているそうです。太陰暦で秋は七月八月九月で季秋とは九月のことです。その日付の特定研究はすでに紀元前の時代から行われていて、これまで最古の候補BC二一六五年をはじめ、多数の候補年が挙がっています。日食ソフトEmapwin※を用いて「紀元前二一世紀から紀元前一九世紀の間に華北で見えた皆既日食・金環日食」を探すと、BC二〇〇四年二月二七日、BC一九六一年一〇月二六日、BC一九四五年七月三日、BC一九〇三年九月一五日が見つかり、どれも皆既食です。それらの日の干支はそれぞれ癸丑、庚子、己巳、癸亥で、記載とは合いませんが、禹の在位は四五年、啓の在位は三八年という数を加えていくよりは信用できるでしょう。数字は忘れやすいし、後から書き換えられやすいものですから。

ところで、死罪になった天文官は堯が任じた羲氏と和氏の子孫でしょうから、夏時代には天文官はすでに世襲になっていたようです（わが国では平安中期以降に安倍氏、賀茂氏が世襲の陰陽師だったのと同じ）。天文官は最も古い専門技術職だったようです。

夏から商へ商から周へは放伐による王朝交代ですが、その年代特定には天文資料が重要な

※『書経』
『書経』は中国最古の歴史書で、孔子の編纂とも言われている。また『竹書紀年』は『史記』とは独立した古代史書。

※Emapwin
四一ページ参照

役割をはたしています。一九九六年五月、中国で「夏商周断代工程」という夏・商・周の三王朝にわたる年代を確定しようという大規模なプロジェクトが正式に開始しました。中国の文献史学・考古学・天文学によるこれまでの成果を総動員したもので、その結果、古代王朝の開始年として「夏はBC二〇七〇年、商はBC一六〇〇年、周はBC一〇四六年」という報告が二〇〇〇年一一月になされました。特に商周の王朝交代については「これまで四四の候補があったが、このたび文献・遺跡・天文記録・古暦などから総合的に判定され、BC一〇四六年一月二〇日に確定した」と記載されています。詳しい導出方法はわかりませんが、その年月日は以下に述べる筆者の結果と一致していました。

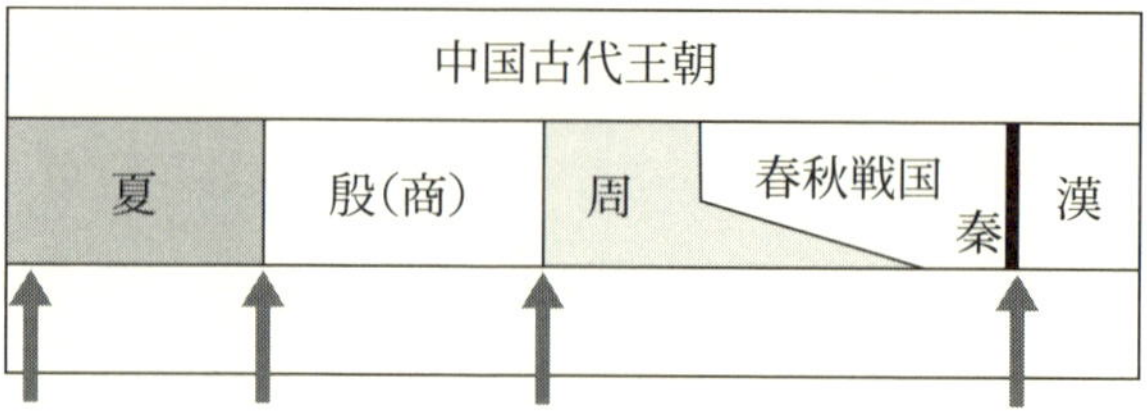

図2・6　中国古代王朝
矢印は主な惑星集合の起こった時期

商から周へ

商の最後の王は酒池肉林などで悪名高い暴君、紂《ちゅう》王です。西方では未開の蕃《ばん》国といわれながらも周が次第に強大になってきました。後世の儒家から聖君と讃えられた周の文王は一時紂王に捕らわれ幽閉されますが、贈賄によって許され帰国し、晩年は西伯として大軍を率いる力を持っていました。実際に商を滅ぼすのは文王を継いだ武王で、その参謀が太公望です。商周革命がいつのことかは古代よりBC一一二〇年ごろからBC一〇二〇年ごろまで種々多様な説がありますが、私たちもそれに関する三つの天文古記録から年代特定を試みましょう。

最初は『春秋外伝周語』※からの引用として『漢書律暦志《かんじょりつれきし》』に記載されている「昔武王殷を伐つ　歳は鶉火《じゅんか》に在り　月は天駟《てんし》に在り　日は析木之津《せきぼくのしん》に在り」という有名な文章です。この文に続いて武王の出兵・行軍・戦勝の日の干支や月の満ち欠けの状況が記載されています。それらの内容の信憑性には種々の議論もあるようですが、文献考証は専門家にお任せして、ともかくこの記載にそって進みましょう。その解釈にあたっては荒木※を参考にしました。

鶉火、天駟、析木とはいずれも天球上の位置を表します。古代中国の星座としては白道に沿う二十八宿、赤道に沿う十二次、さらに多数の天官の役職に関するものがあります。現在の星座では鶉火はしし座、天駟はさそり座、析木はいて座あたりとなります。一年で天球を一巡する太陽が「析木之津」にいるのは現在では一月初めですが、歳差のため紀元前一一世紀では一一月末から一二月初めです。月は二八日弱で天球を一めぐりするので「天駟」に在る日は、太陽と同方向すなわち新月の二〜三日前となります。歳とは木星のことで、一二年弱で天球を一めぐりし、紀元前一一世紀に「鶉火」に在るのはBC一〇七一年、BC一〇五九年、BC一〇四七年、BC一〇三五年、BC一〇二三年の夏から翌年の夏まで

※『春秋』
これも孔子の手によるといわれる歴史書で、天文記事が多い。

※荒木
荒木俊馬『天文年代学講話』(恒星社厚生閣、一九五一年)による。

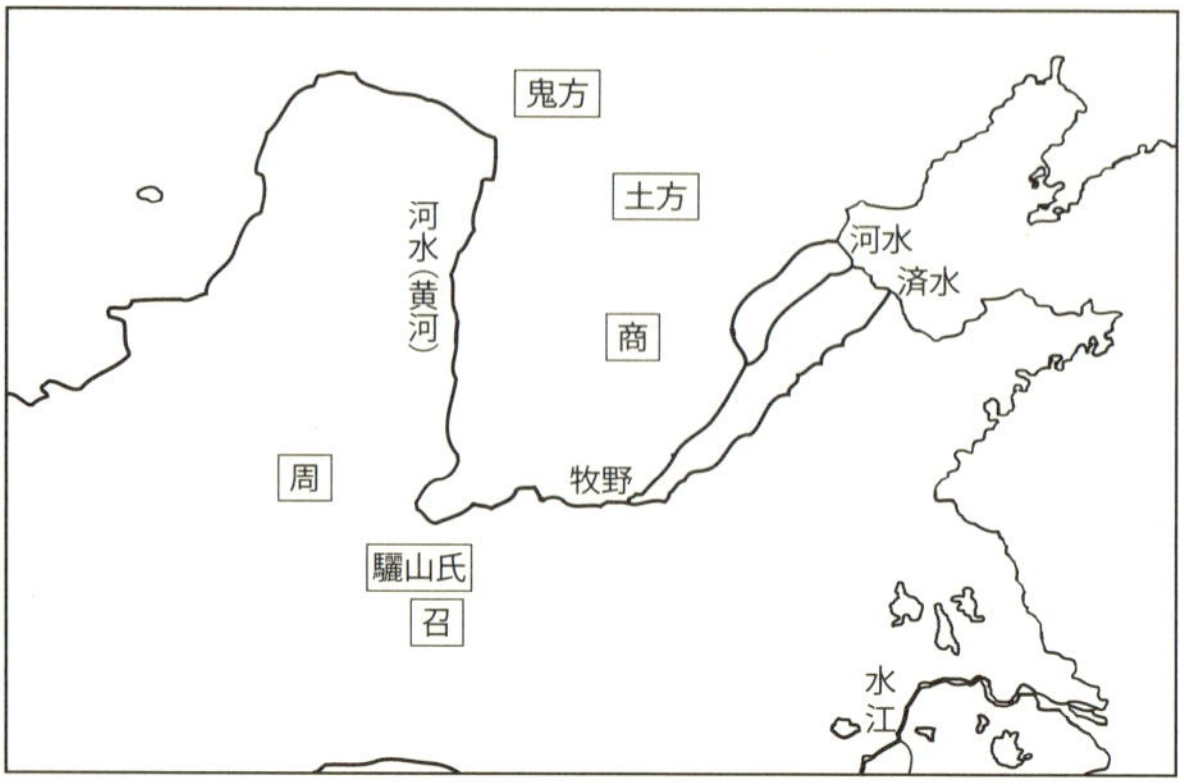

図２・７　商周革命時の中国

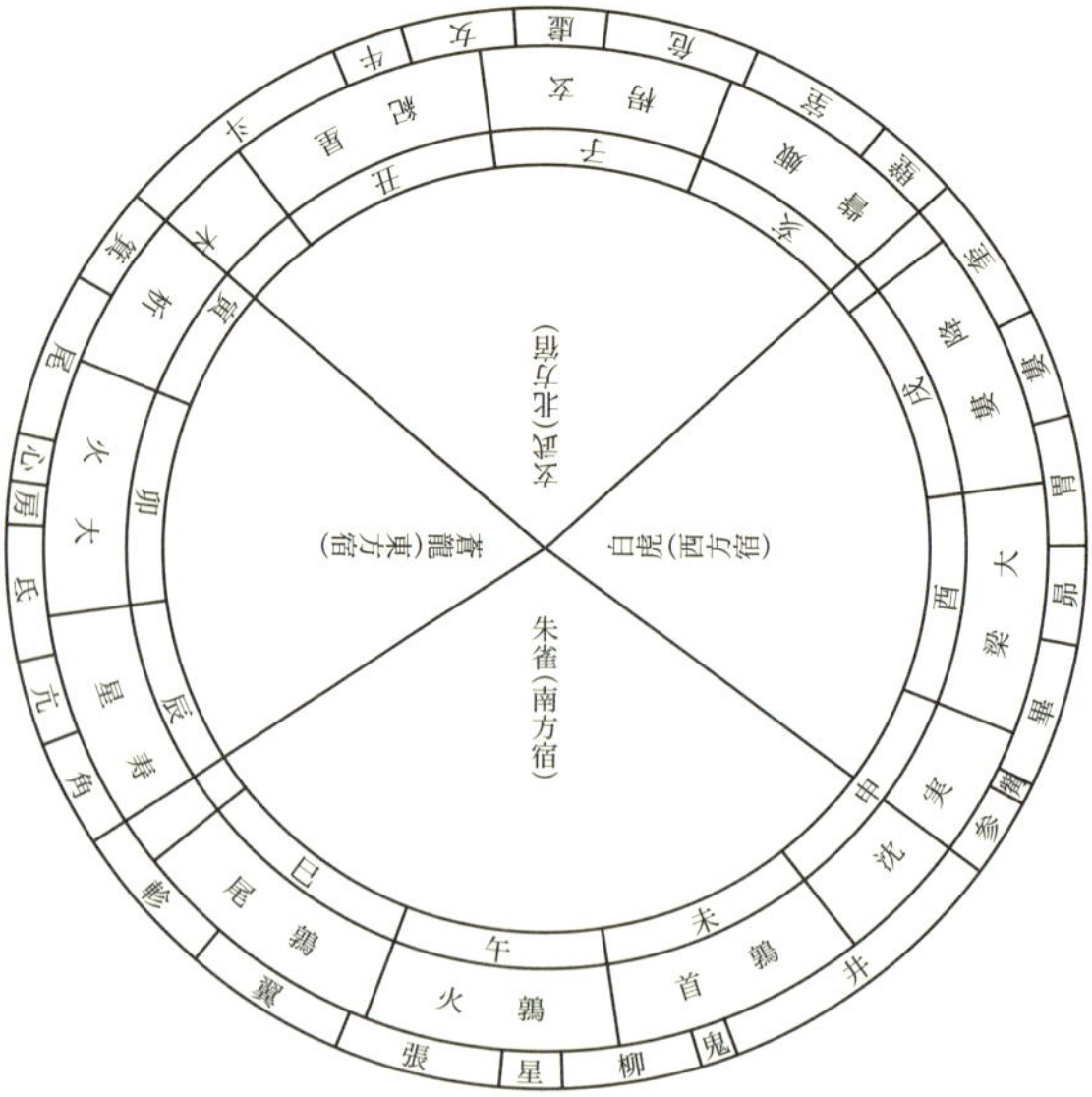

図２・８　十二支と十二次
最外の円殻は二十八宿、その内が十二次である

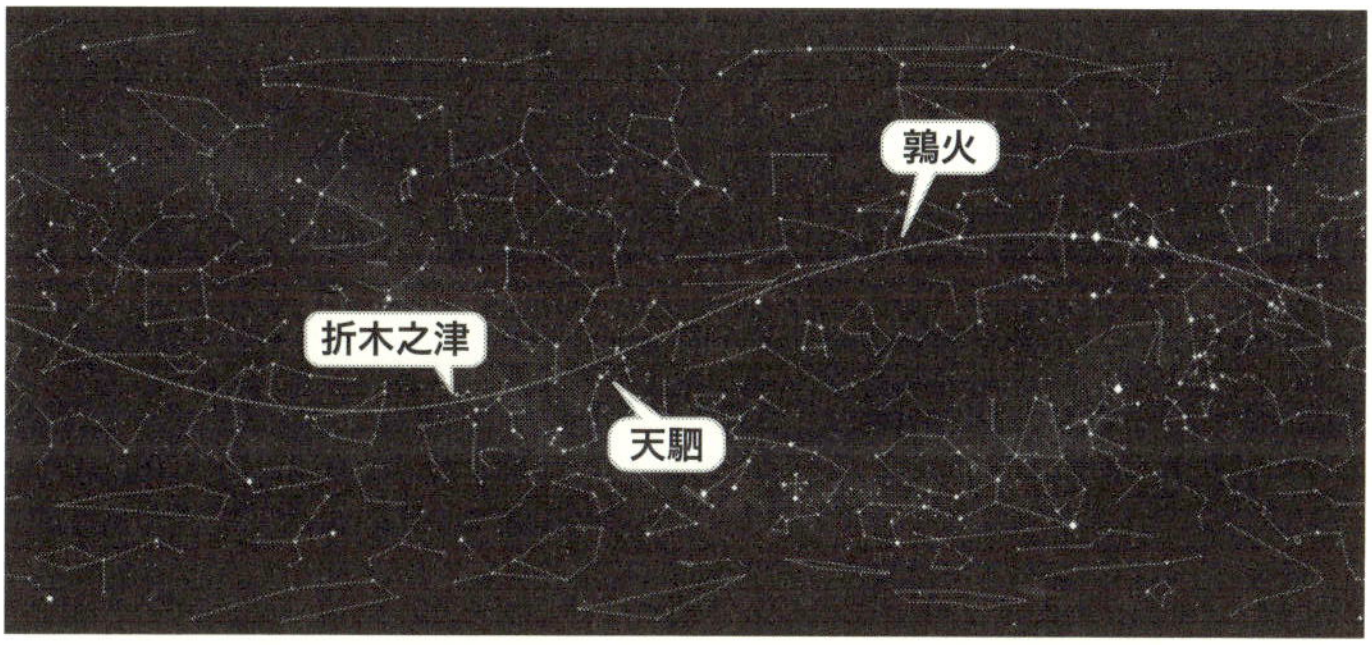

図２・９　『漢書律暦志』に記された太陽・月・木星の位置
（株式会社アストロアーツのステラナビゲータ使用）

です。したがってこれらの条件を満たす日はこれら五個の年の一一月末に絞られ、そのうちで最も適する日をＰＣで星図を描いて捜すとＢＣ一〇四七年一一月二七日となります。

次の記録は商周最終戦である牧野《ぼくや》の戦の日の干支です。『史記周本紀』にも『漢書律暦志』にも最後に勝利をおさめたのは「甲子の日」と記されており、さらに一九七六年に陝西《せんせい》・臨潼《りんどう》で出土した青銅器、利簋《りき》（図2・10）にも「武王征商、唯甲子朝」という銘文があるそうです。甲乙……癸と続く十干《じっかん》、子丑……亥と続く十二支は今日まで連続しているので容易に計算できます。上記に日の後で甲子の日を探すとＢＣ一〇四六年一月二〇日、次いで三月二一日が見つかります。この両者から周はＢＣ一〇四七年一一月二七日に戦いを始め、翌ＢＣ一〇四六年一月二〇日に牧野の戦いで商を破ったと考えられます。さらに武王が天位に就いたのは辛亥の日ということから同年三月八日となります。

三番目の記録は唐の時代の占星書『開元占経巻十九《かいげんせんきょう》』の「周将殷伐五星聚於房」という文章です。筆者の五惑星集合の計算結果、BC三〇〇〇年から六〇〇〇年間で三番目にコンパクトな惑星集合がBC一〇五九年五月末に起こっています。観望条件は非常によく、日没後一時間余、西の空に見えたはずで、多数の人の目に留ったことでしょう。実際に集合したのは、かに座で房宿（さそり座の西部）ではないから誤記事だと決めつけてはなりません。「いつ、どこで」ということは忘れても、事件そのものは長く覚えているということは、現在のわれわれもよく体験するものです。『漢書律暦志』には文王は「受命九年」で没し、武王が殷を滅ぼしたのは「文王の受命より十三年に至る」と記されていますが、果たして受命とは何でしょうか？　BC一〇四六年が受命から一三年後とすると、文王に天命が下ったのはBC一〇五九年、その年の五月末に起こった五惑星集合こそまさにこの天命にふさわしい！　その天象を知った後世の天文官・歴史官は「天命下る」と解釈したのでしょう。

図2・10　出土品　利簋（©Tao Images／PPS通信社）

以上をまとめると、

BC一〇五九年五月

　文王天命を受ける

BC一〇五一年

文王没、武王継承……………受命より九年目

BC一〇四九年

武王挙兵するが撤兵…………右記の二年後

BC一〇四七年一一月

武王再度出兵する……………右記の二年後

BC一〇四六年一月

牧野の戦、紂王自殺し殷滅亡……受命より一三年

BC一〇四六年三月

　武王天位に就く

となります。

図2・11　BC1059年5月22日　日没後の西天（ステラリウム使用）

三、史記は語る

熒惑守心《けいこくしゅしん》

次に惑星の動きについて述べていきます。

『史記始皇本紀《ほんぎ》』に始皇帝没年一年前の何やらアヤシイ天文事件が記されています。

三十六年（BC二一一年）熒惑が、心星の宿るところに止まって動かなかった。星が東郡に落ちて石となった。

この事件は始皇帝の死を暗示するように書かれています。翌三十七年（BC二一〇年）、始皇帝は末子の胡亥《こがい》（二世皇帝）・宦官《かんがん》の趙高《ちょうこう》らを従え大規模な巡行に出かけます。会稽山《かいけいざん》（浙江省）に赴き自分の偉業を讃える石碑を作らせて禹に報告したり、瑯邪《ろうや》（山東省）では自ら大魚を射たりしましたが、この不世出の独裁者もついに帰路に病に倒れ、七月丙

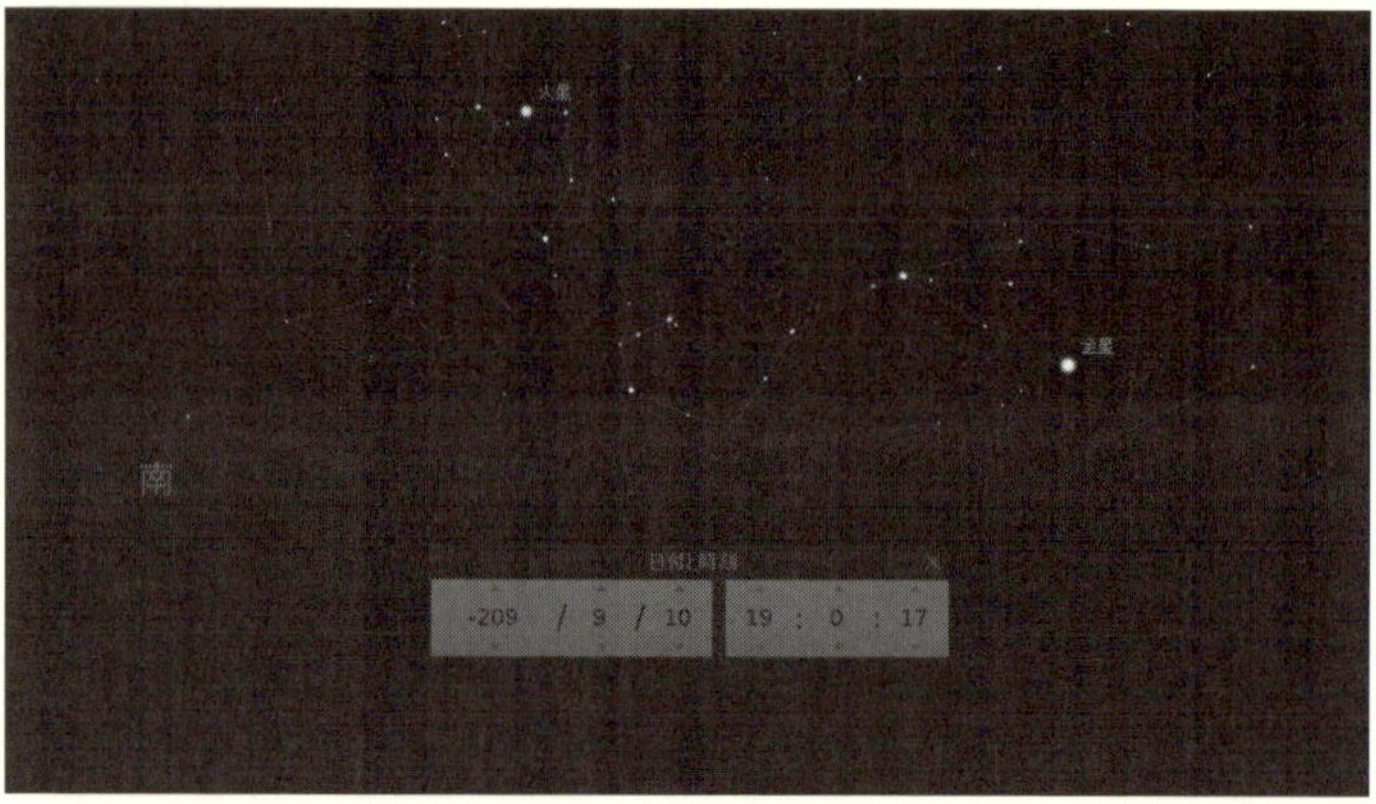

図２・12　BC210年９月10日　始皇帝没日の南天（ステラリウム使用）

寅の日（九月一〇日）に亡くなりました。熒惑とは火星のこと、心星とはさそり座のアンタレスのことです。火星はその赤い色から中国でもギリシアでも不吉な星とされてきました。特に火星が心宿（アンタレスあたり）で順行・逆行※を繰り返してうろうろする現象は熒惑守心と呼ばれ、戦乱が起こったり、君主が亡くなったりするなど不吉な予告と言われてきました。『宇宙からのメッセージ』（斉藤国治著）には『史記』『漢書』をはじめ数々の天文志の記述をもとに、戦国時代から明時代まで二五の例が挙げられています（ただし、そのうち五例は不発ですが）。その中で重要なのはBC二一〇年の天象です。この年火星は二月～七月さそり座西部で徘徊し、四月中旬（逆行）にも七月中旬（順行）にもアンタレスに接近し、そして東へ去って行った九月に始皇帝が亡くなるのです。ところが上述のように『史記始皇本紀』には熒惑守心は前年の始皇三十六年（BC二一一年）の天象と書かれていますが、なぜ一年ズレているのでしょうか？　単なる記載ミス？　それとも暦変換の間違いなのでしょうか？　さらに注目すべきは一五年後『漢書天文志』の次の記載です。

十二年の春熒惑が心宿に留まった。四月、天子が崩御した。

すなわち高祖劉邦《こうそりゅうほう》の没年BC一九五年にも類似の天象が起こっているのです。火星はこの年の初から七月まで、心宿《しんしゅく》（さそり座の西部）ではなく氐宿《ていしゅく》（てんびん座）でほとんど

※順行・逆行
九五ページ参照。

停止しています。三月、四月は逆行中、五月末より順行に転じ、心宿に向います。病に伏した劉邦は「四月甲辰に崩じた」と記されていますが、干支をもとにしてこの日をユリウス暦に変換すると六月一日に当たります。劉邦もまた火星が逆行から順行に転じたころ亡くなっているのです。漢の歴史官・天文官にとって熒惑星の徘徊は初代皇帝崩御の兆候と思いたかったでしょうが、現王朝の創立者と前王朝の暴君が同じような天象のもとで亡くなったとは書きにくかったので、始皇帝没に関する天象を一年繰り上げて記したのかもしれません。ちなみに高祖劉邦の皇后で悪名高き呂后《りょこう》が亡くなったBC一八〇年八月一八日にも火星はアンタレスの側にいました。

五星聚井《ごせいしゅうせい》

秦が滅び、漢が興るころの最も有名な天文現象が『漢書高帝紀』に記載されています。

漢元年の冬十月に五惑星が井宿《せいしゅく》の東に聚《あつ》まり、このとき沛公《はいこう》が覇上《はじょう》に到着した。

沛公とは後に漢の初代皇帝高祖となった劉邦のことで、覇上とは秦の首都・咸陽《※かんよう》近くの地名です。そこに彼が到着したときに水星・金星・火星・木星・土星が一堂に会したとい

※咸陽
周都鎬京、秦都咸陽、漢都長安、互いに近くにある。現在の西安市付近。

う現象です。『漢書天文志』にはこのことは劉邦が天命を受けたしるしであると書かれ、彼の即位を正当化しています。井宿とはふたご座の南部にあたり、井宿の東とはふたご座の北からかに座にかけての天域で、ここには一等星・二等星はありませんから見ごたえのある星空だったでしょう。

当時の状況は、

ＢＣ二一〇………始皇帝の死
ＢＣ二〇九………陳勝・呉広の乱、項羽や劉邦も挙兵
ＢＣ二〇六………秦王子嬰《しえい》（三世皇帝）劉邦に降伏
ＢＣ二〇二………劉邦即位

通常、漢元年とはＢＣ二〇六年を指しますが、この年の秋から冬にかけて五惑星集合は起こらなかったことは以前から確かめられています。実際、木星・土星はふたご座周辺ですが、火星はずっと離れてみずがめ座・うお座辺りにいます。そこで数字の写し間違いではないかとか、五星とは単に五個の星のことで五惑星を意味しないとか、そもそもこの記述は後世の捏造であるとか様々な議論がなされていますが、はたして秦末漢初に五惑星集合は起こっていないものでしょうか？　ＢＣ二〇六年にこだわらず、ＢＣ三〇〇年からＢＣ一〇〇年

の間、五惑星が二五度以内に収まり、しかも太陽から離れて観望可能なものを捜してみます。その結果、ＢＣ二〇五年五月三〇日とＢＣ一八五年二月二六日の二件が見つかりますが、劉邦の時代にふさわしいのは当然前者です。件の五惑星集合はＢＣ二〇五年の五月末に実際に起こっていました（図２・14）。金星はやや離れていますが、月が加わり、秦から漢の初期にかけての三〇〇年間で、これに匹敵するような五惑星の集合は他にはありません。それどころか、八五四年前に商周革命を示すときと同じ天象が、ほぼ同じ月日の同じ時刻に同じ方向で見えたのです。しかし半年ながらまたもや日付が食い違っています。その原因は何でしょうか？　以下は筆者の推測です。

漢元年冬十月
五星聚於東井
沛公至覇上
漢書高帝紀

図２・13　漢書に記されている
劉邦入漢時の五星聚井記事

劉邦はせっかく首都咸陽に一番乗りしたものの、後から圧倒的多数の軍を引き連れて来た項羽に首都を明渡し山中に潜み、その後数年間、彼らは相争うことになる。ＢＣ二〇五年の五月といえば、劉邦は項羽の前に連戦連敗を繰り返し、大陸を東へ西へと逃げ回っていたころだ。「現王朝開始の天命が下ったのだから、それにふさわしい時期でなければ」ということで、漢の歴史官たちは太古の五帝の子孫ではない初めての皇帝となった劉邦にハクをつけるため、彼が英雄としてデビューした前年にこの天象を繰り上げて記載してしまった！

皇帝が謝罪した日食

『史記』には日食が起こると皇帝自ら公文書を出し、自分の誤りを認めたことがあると記されています。呂后といえば漢の高祖劉邦の皇后で、劉邦の没後一五年間、皇太后として専横を極めた悪名高き女性ですが、その彼女でさえ七年正月己丑晦に起こった日食で昼間暗くなったのは自分のせいと言ったと記されています。自己批判で有名なのは、呂后没後に第五代皇帝となった文帝（孝文帝：在位ＢＣ一八〇～ＢＣ一五七）の場合でしょう。即位二年十一月晦に日食が起こったため文帝は「天下治乱の責任は朕ひとりにあり。上三光（日月星）の明をわずらわすはわが不徳のなすところ！」、さらに民に「自分に直言極諫《ちょくげんきょっかん》してくれる賢者を

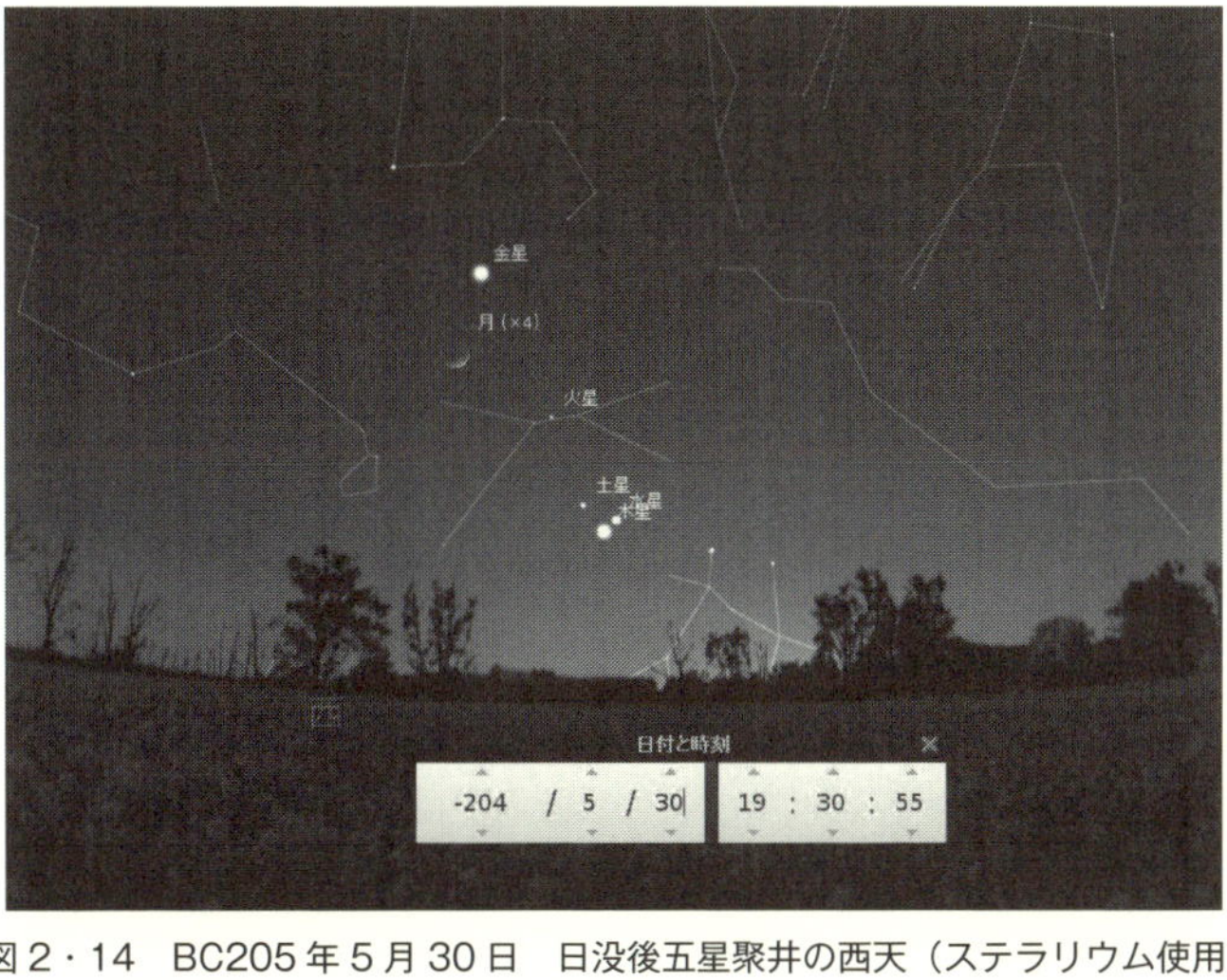

図２・14　BC205年５月30日　日没後五星聚井の西天（ステラリウム使用）

推薦してほしい」という詔《みことのり》を出したと記されています。呂后が亡くなり文帝が即位するBC一八〇年の前後五年間で長安や洛陽で観られる大日食を調べてみると、BC一八一年三月四日の皆既日食が見つかります（図2・15）。しかもこの日の干支は己丑ですから、これが呂后の日食にあたるようです。

　しかしその後に大日食はなく、文帝の日食の候補としてはBC一七八年一二月二二日（旧暦では十一月）の部分食しかありません。マレーシア・フィリピンでは金環日食が見られましたが、中国では三割しか欠けず、ほとんどの人には気づかれずに終わってしまったはずです。しかしそんな些細なことでも「わが不徳のいたすところ」と嘆くほど文帝は名君だったと讃える挿話ではないでしょうか。漢の文帝は税の軽減、刑罰の緩和、母親への孝行などを行った特別な名君で、素直に「自分が悪かった」と認めました。夏の仲康とは大違いですね。『史記』にはその後も多数の日食記録が記載されています。

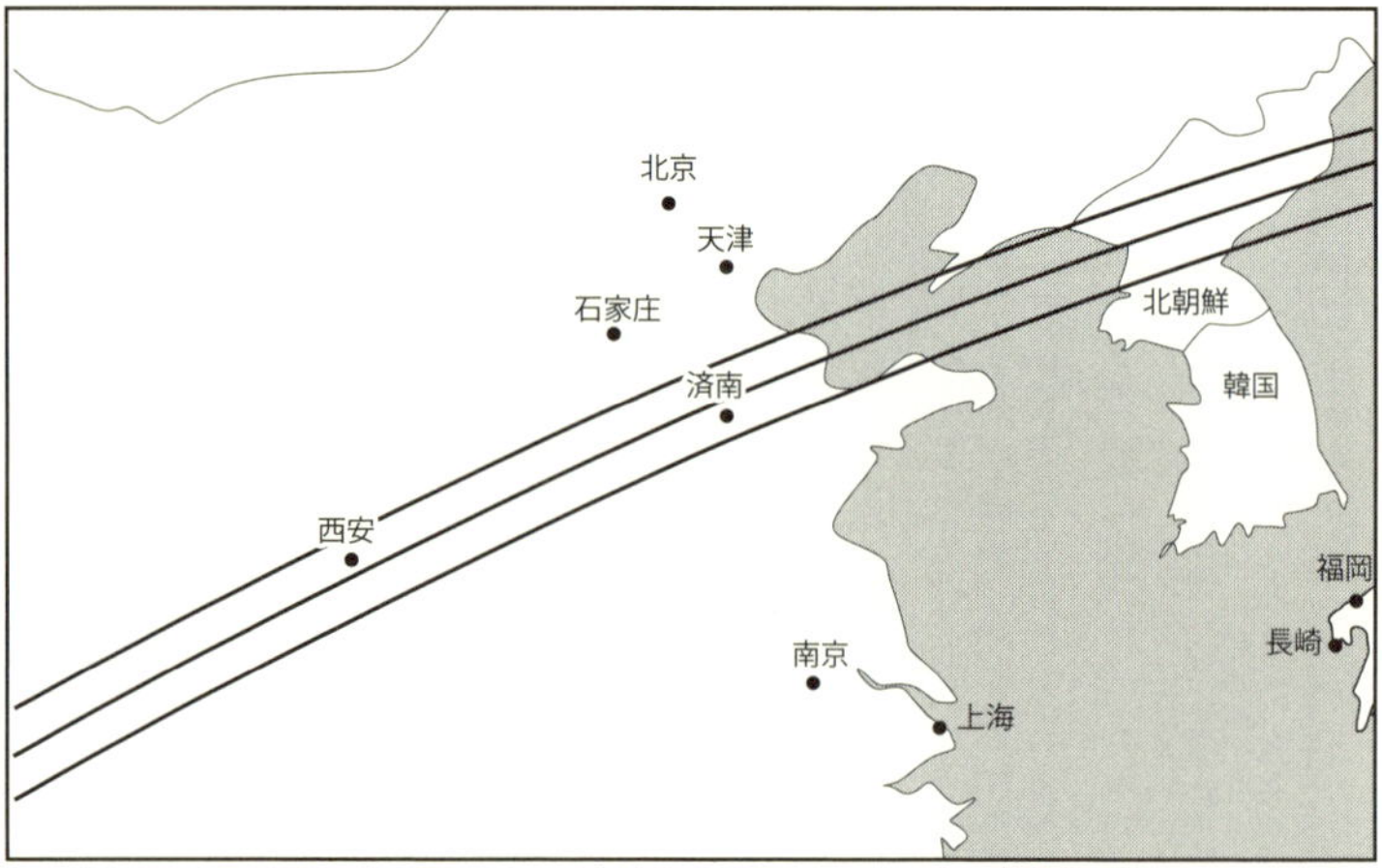

図2・15　BC181年3月4日の日食図　呂后の日食

五星集合は王朝交代の兆し？

唐の天文占星書である『開元占経巻十九』に五惑星集合※はこれまでに三回起こり、最初が「周将殷伐五星聚於房」で、二回目は「斉恒将覇五星聚於箕」、そして三回目が「漢高入秦五星聚東井」であると記されています。一回目、三回目については前述のとおりで、二回目は春秋時代（BC七七〇～BC四五〇ごろ）のことで、落ちぶれた周の王室を担いで諸侯の盟主になった「覇者」が五人いて、その最初が「斉の恒公《せいのかんこう》」です。斉は山東半島を本拠地とする国で、初代は太公望といわれています。周室や諸侯が恒公を覇者として認めたのはBC六六〇年ごろで、BC六六一年一月に確かに五惑星が集合しています。集合の場は箕宿《きしゅく》（いて座東部）より西で、むしろやぎ座ですが、彼が「将に覇たらんとする」時期にはよく合致しています。

六〇〇〇年間の五惑星集合の計算において、密集度からするとトップはBC一九五三年二月に、三番目はBC一〇五九年五月に、そして二番目は七一〇年六月末、玄宗の即位前夜に起こっています。しかも『開元占経』が書かれる少し前の天象というのが何やら胡散臭い気がします。則天武后によって中断された唐を再興した玄宗の即位は、古の聖君による王朝開始と同じく天命によるものと言いたげです。惑星集合は王朝交代の兆しというのは出来すぎた話で、筆者はこんな相関を主張するつもりはもちろんありません。惑星集合

※五惑星集合
八八ページの表2・3参照。

も日食も多数起こっていますが、人々の記憶に残ったのは王朝交代などの大事件が起こったときのものだけ。それを記録し後世に伝えたのは後世の天文官、歴史官なのです。

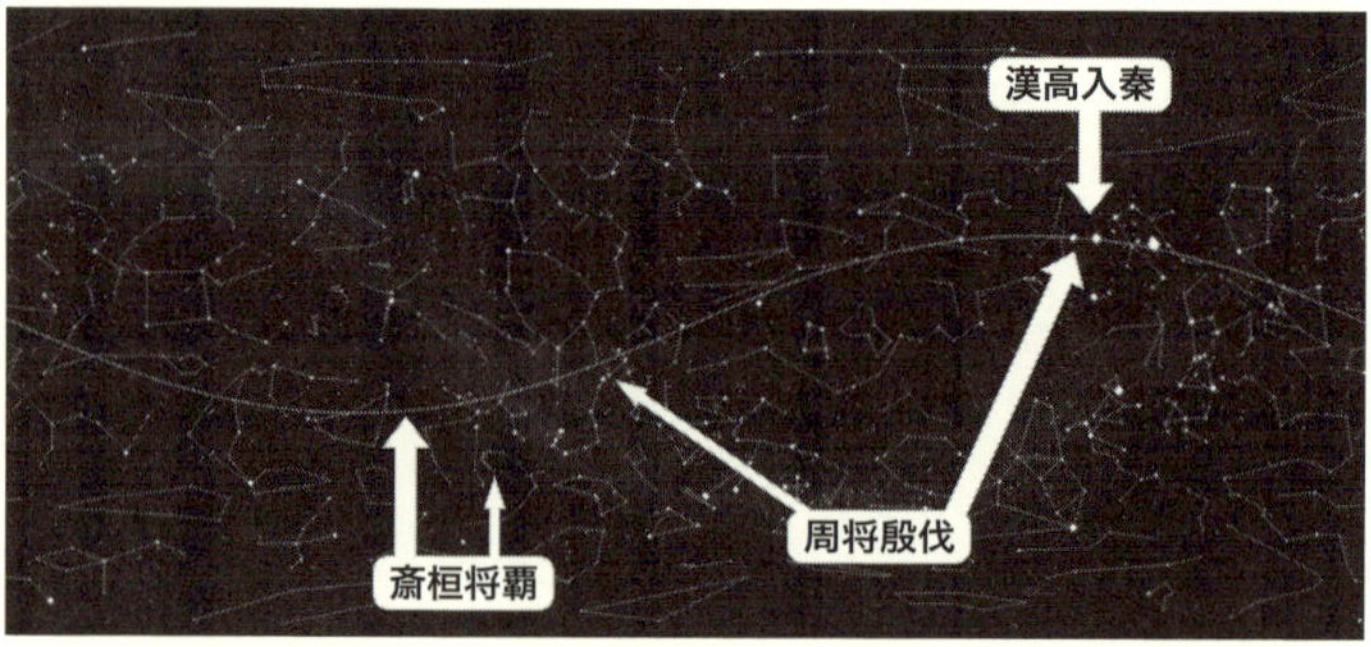

図2・16 『開元占経巻十九』に記されている五惑星集合の位置
太矢印は計算による位置、細矢印は開元占経の記載による位置
（株式会社アストロアーツのステラナビゲータ使用）

四．ベツレヘムの星

イエス降誕を知らせた星とは

新約聖書はイエスの誕生から始まります。そのときに現われたという「ベツレヘムの星[※]」についての記載は新約聖書の中でもマタイ福音書のみで、その星の出現自体に疑問もあります。当時の大文明国であるローマ帝国にも漢帝国にもこの記録は伝わっていないのですから。しかし文献考証はさておき、とにかくマタイ福音書第二章の記述通り考えてみます。「あれは誤記事だ、これは捏造だ」なんて夢のない話はやめましょう。

東方の博士たちがエルサレムに来てこう言った。
「ユダヤ人の王としてお生まれになった方はどこにおいでになりますか。私たちは、東のほうでその方の星を見たので、拝みにまいりました」…（中略）…すると見よ、東方で見た星が彼らを先導し、ついに幼子のおられる所まで進んでいき、その上にとどまった。

※ベツレヘムの星
クリスマスツリーの先端に飾られている星。

まず「東方」とはどこでしょうか？　ユダヤから見て東方、その中で文化の中心といえばバビロンを指すと考えるのが妥当でしょう。バビロンは古代オリエントの文化都市であり、占星術も発達し、そこには星占いに長けた博士（マギ）もいたはずです。東方の博士はこの星をかつてバビロンで見て、ユダヤに着いてから再び見たというのだから、同じような現象が二度あって、

一回目はバビロンで西天（ユダヤの方向）に見た
二回目はユダヤに着いてから見た、この日がイエスの誕生日

と考えられます。

では「ベツレヘムの星」の出現はおおよそいつごろでしょうか？　当時ユダヤはローマの属国でしたが、ヘロデ王が在位していました。新約聖書によると彼は新しく生まれた子がユダヤの王になることを恐れて、乳飲み子のイエスを殺そうとしました。そのことを天使ガブリエルから聞いたマリアとヨセフはエジプトに逃れ、イエスは、幼年期はエジプトで暮らします。ところがユダヤにはヘロデという王は複数いて、父ヘロデ大王が亡くなり、息子のヘロデが継いだのがＢＣ四年またはＢＣ二年といわれています。イエスが十字架に架けられたときの王は息子のヘロデですが、生まれたときはどちらかわかりません。細かい

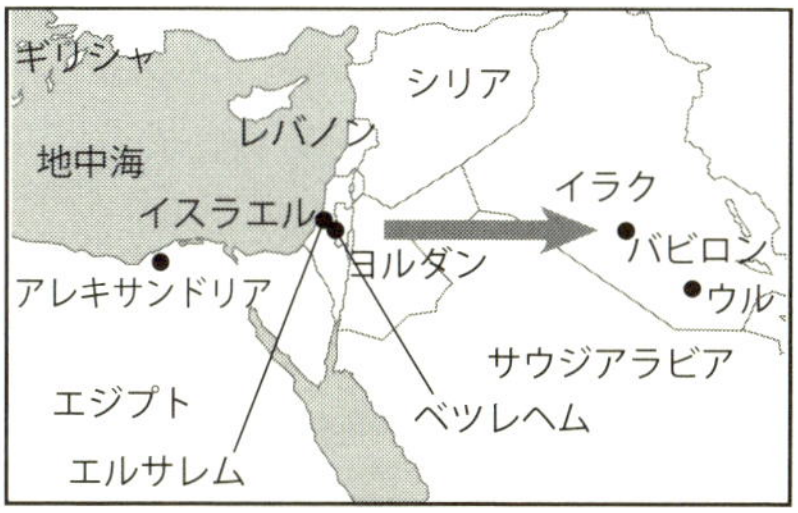

図2・17　ベツレヘムとバビロン

ことは専門家に任せて、王位継承時期の前後と考えましょう。

　では突如明るく輝いた「ベツレヘムの星」の候補として何が考えられるでしょうか？　超新星・新星・変光星※・彗星・惑星集合・その他……過去数百年間さまざまな説が提案されています。このうち初めの三つは恒星が突発的に明るくなる現象で、そのうちの最も激しい超新星については第三章第二節をご参照ください。これらは「同じような現象が二度あった」という条件には適しません。彗星出現は夕方西の空に現れ、数日後には見えなくなり、その後日の出前に東天で見えるということが多いので候補となりえます。実際BC五年に現れているという記録が中国にありますが、回帰彗星ではなく軌道はわかりません。この条件に最もふさわしいのはやはり惑星集合でしょう。

三博士を導いた星ぼし

　BC七年からAD一年までの一度以内の惑星会合のペアは一〇組以上も算出されますが、バビロンからユダヤまで歩いて旅をするならその間隔は二～三か月でしょうから、表2・2

※変光星
時間とともに明るさが変わる星。変光の原因によって分類される。

表2・2　BC7年とBC2年の惑星の会合

	年月日	時刻	惑星	星座
①	BC7年　6月10日	後半夜	木星・土星	うお
②	9月14日	終夜	木星・土星	うお
③	12月19日	前半夜	木星・土星	うお
④	BC2年　4月 5日	日没後	金星・火星・土星	おうし
⑤	6月17日	日没後	金星・木星	しし
⑥	8月26日	日の出前	水星・金星・火星・木星	しし
⑦	10月13日	日の出前	金星・木星	おとめ
⑧	12月10日	日の出前	金星・火星	てんびん

のようにBC七年とBC二年の天象に絞られます。

BC七年に木星・土星がうお座で近づいたり離れたり三回連続して会合を起こしていますが、この会合は四〇〇〇年前ケプラーが計算（もちろん筆算）の上で発見したものです。問題の星が現れたときを表2・2の①と②とすると、彼らがバビロンの西の空に見たのは六月一〇日の朝で、エルサレムで見たのは九月一四日の真夜中となります。また②と③とすると一回目は九月一四日の深夜で二回目は一二月一九日の前半夜となります。したがってベツレヘムの星は接近した木星・土星であり、クリスマスは九月一四日または一二月一九日となります。ただし土星は金星や木星ほど明るくないこと、両惑星は一度も離れているのであまり目立った現象ではないことが難点です。一年間に三回連続して起こる会合を三連会合と言いますが、それは非常に希な現象で、実際に起こる年を計算してみると一八〇〇年から二三〇〇年の間に一八二一年、一九四〇年、一九八一年、二二七九年のわずか四回のみです。しかしケプラーは一六〇四年に自分が見たような新星（実は超新星）を想定していたようです。

一方BC二年に惑星たちは多忙な離散集合を繰り返します。④四月初めに金星・火星・土星が、⑤六月中旬には金星・木星が日没後、西の空に集まります。特に六月一七日の金星・木星はほとんど重ならんばかりの大接近です。その後これらの惑星たちは明け方の東の空に移り、⑥八月末には日の出前に水星、火星、木星がコンパクトにまとまり、そのそばに金星がという四惑星の集合が眺められました。その後も⑦一〇月中旬には再び木星と金星が、⑧一二月中旬には金星と火星が三たび接近します。一二月初めの日の出前には東南の空に両惑星が、その左（東）にこと座のベガが、右（南）に南十字星が見られます。

このような目まぐるしい惑星の動きは何かが起こる前兆と、東方の博士はきっと注目したことでしょう。一回目の天象は西の空で見えたのだから、六月一七日の金星・木星の大接近が最適です。二回目はその二か月後の八月二六日の日の出前に、ししの足元で起こった四惑星の集合会合が最有力候補でしょう。ただし薄明の中、地平線近く日の出直前の短時間なので、そのとき雲っていて東に山があったら全く気づかれず見逃されてしまいます。逆にベツレヘムの星がユダヤ以外には記録がないのはそのためかもしれないとも言えます。もちろん今の日本ではとても無理ですね。次善の候補としては一〇月一三日の金星・木星接近も挙げられます。

なおヘロデ王の王位継承時期からは離れてしまうのが難点ですが、AD一年一一月二日の日の出前に水星・金星・火星・木星の四惑星がてんびん座で集まっています。それに先立って八月一一日に水星と金星が、九月一四日に水星と木星が接近しています。四惑星が集合することは希で注目したいですが、あまりコンパクトではなく大きな明るい星の出現とは言いにくいです。なお、この間五惑星集合は起こっていません。

筆者は「ベツレヘムの星」とは、

BC二年六月一七日の日没後、バビロンで西の空しし座に金星と木星の大接近を見た東方の博士は、救世主の誕生を信じてその方向へ旅立った。八月にユダヤに着き八月二六日の日の出前に見えた水星・金星・火星・木星の集合がベツレヘムの星の正体であろう。

と考えています。これによるとクリスマスは夏になり、ホワイ

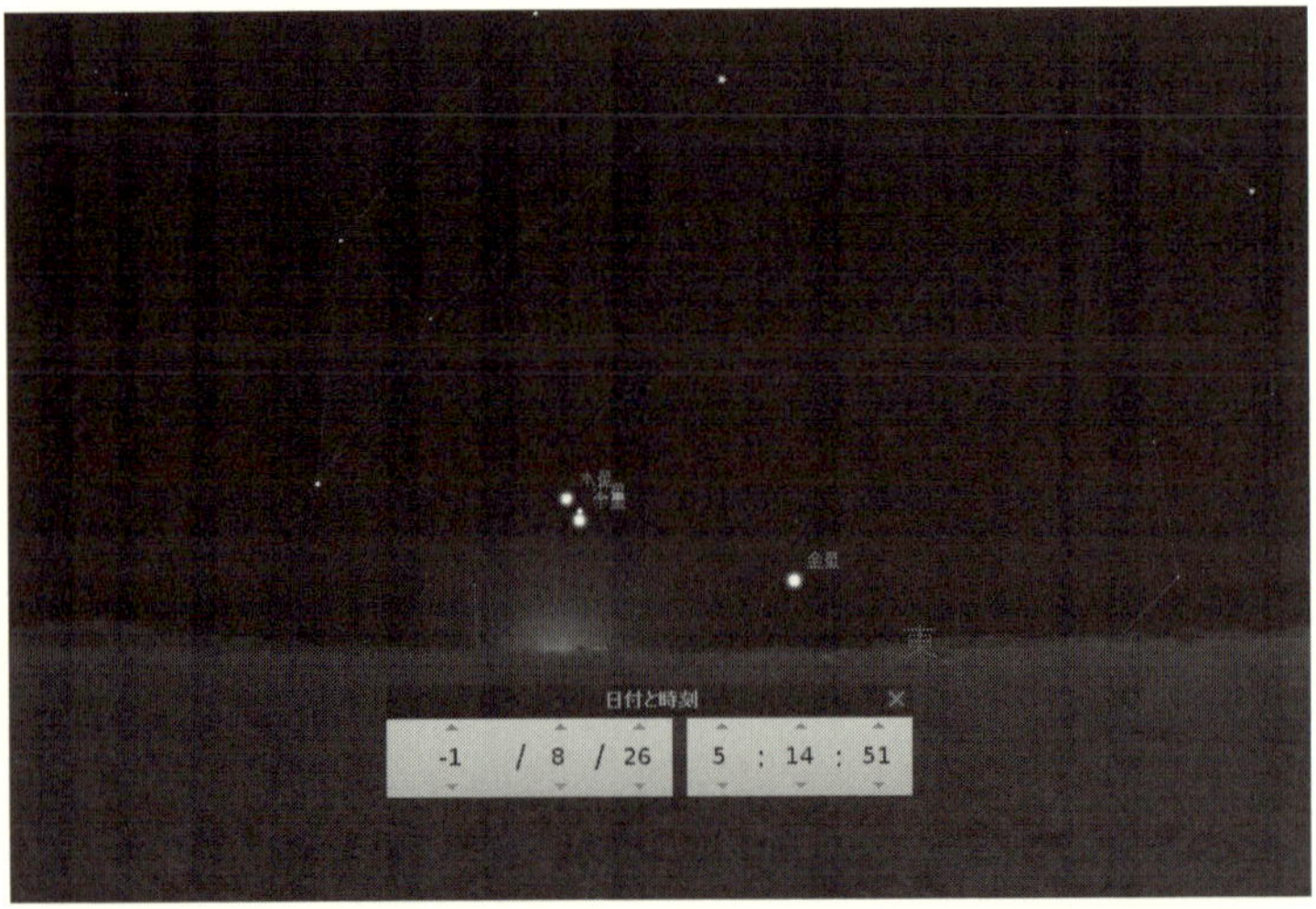

図2・18　BC2年8月26日　日の出前の東天（ステラリウム使用）

トクリスマス、そりに乗ったサンタさんなどは南半球でないと出会えなくなるのは寂しいですが。

五．惑星直列は怖くない

天動説

星座の間を西へ東へ移動しながら離散集合を繰り返す惑星の動きは、洋の東西を問わず驚異の的でした。古代中国では「五星」と呼ばれ、辰星《しんせい》（水星）、太白《たいはく》（金星）、熒惑《けいこく》（火星）、歳星《さいせい》（木星）、塡星《ちんせい》（土星）、これらの配置は王朝の運命を左右するものと考えられ、『史記天官書』や『漢書天文志』にはそれらが詳しく記載されています。わが国の陰陽師も中国の天文官と同じ言葉を使っています。第三章で述べますが、天変としての火星や木星と恒星の異常接近の記録は何回もあります。

古代ギリシア人は惑星に神々（といっても実はみんな生臭い神々ですが）の名を付けました。古代ギリシアにはアリスタルコス（ＢＣ三一〇～ＢＣ二三〇ごろ）のように地球は太陽の周りを回っていることを科学的に推定した人もいましたが、ギリシア天文学の集大成であるプトレマイオス（八三年ごろ～一六八年ごろ）の著した『アルマゲスト』は全一三巻で、月・太陽・恒星そして複雑な惑星の運動が球面三角法を用いて詳しく述べられています。彼の天動説に基づく宇宙観はアラブにて継承発展し、一二世紀以降ヨーロッパに伝えられ、やがてキリスト教に取り入れられてその教義の主要部分となります。ダンテの神曲によると宇宙の中心には不動の地球があり、その上の天国界には一〇段階あるそうです。

第八天までは『アルマゲスト』に書いてありますが、第九天と第一〇天はキリスト教によって付け加えられたものです。

六〇〇〇年間の惑星直列と惑星会合

惑星運動が解明されたのは17世紀になってからガリレオ、ケプラー、ニュートンたちの業績によるものですが、その後も惑星配置による占星術は存続し、現代でも終末予言には必ず「惑星直列」が登場します。

惑星直列という言葉は本来の天文学用語ではなく、全惑星がほぼ直線状に並ぶ状態というだけで、はっきりとした定義はありません。一九七〇年代後半から一般に使われる

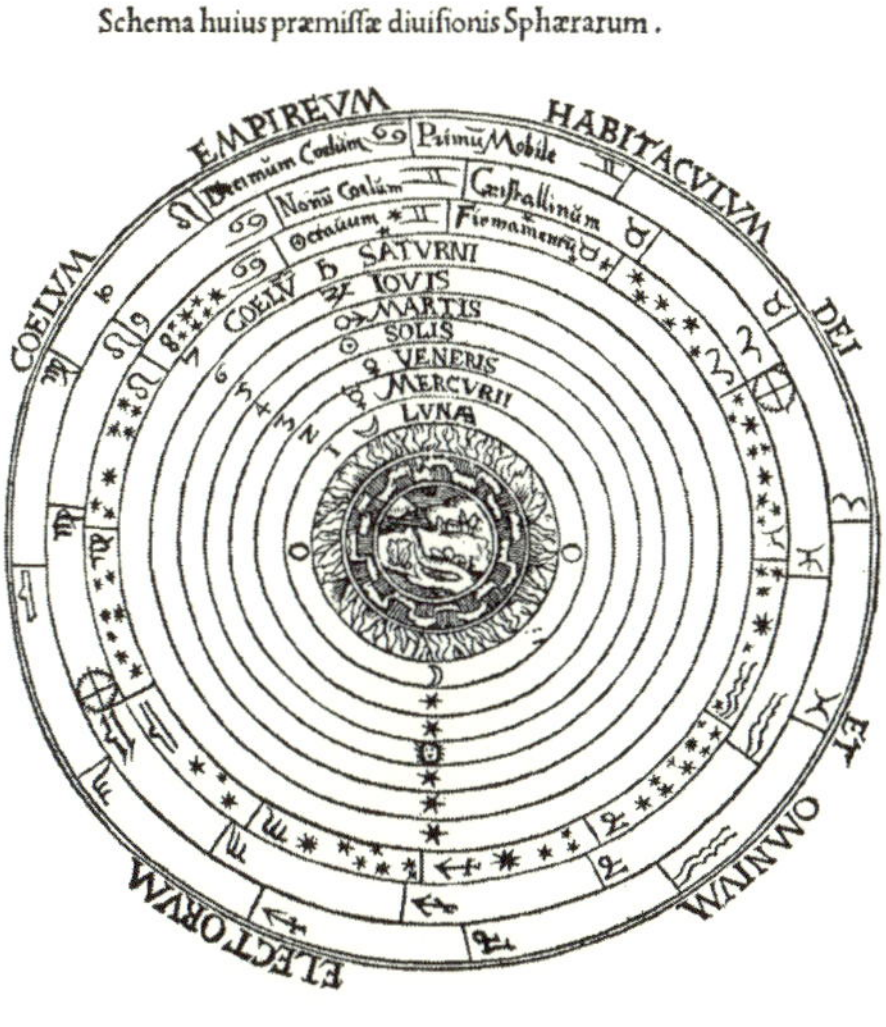

第1天	月天
第2天	水星天
第3天	金星天
第4天	太陽天
第5天	火星天
第6天	木星天
第7天	土星天
第8天	恒星天
第9天	原動天
第10天	至高天 （エンピレオ）

図2・19　ペトルス・アピアヌスの *Cosmographia* 天球図（16世紀）に書かれた宇宙形状

ようになり、インターネットで検索すれば多数のサイトが検出されます。惑星直列は何年何月何日に起こるとか、その周期は何年とか、どんな災害が起こるかとか…。この場合、地球から見て外惑星（火星・木星・土星…）は集合して見えます。そしてその反対側に内惑星（水星・金星）も集合していますが、太陽と同じ方向なのでほとんど見ることはできません。外惑星は衝[※]、内惑星は内合として集合するわけです。では実際に惑星が水金地火木…の順に並ぶことはどのくらい起こるのでしょうか？　今までそんなことがあったのでしょうか？　シミュレーションソフトを起動させてBC三〇〇〇年からAD三〇〇〇年までの六〇〇〇年間で調べてみると、惑星が「水金地火木土天海」の順に直線状に並ぶことは非常に稀なことがわかります。望遠鏡で発見された天王星以遠を除いて、水星から土星までの六惑星が最も直線状に並ぶのは一五〇三年の年末ごろに起こっています。図2・20は六惑星が全体としてよくまとまる一五〇三年一二月二四日（グレゴリオ暦値）の惑星配置で、中央は太陽、内側から水星・金星・地球・火星・木星・土星の軌道です。金星がやや外れているのが気になるかもしれませんが、これが六〇〇〇年間で最良の日なのです。火星・木星・土星はふたご座のカストルのすぐ側、真夜中にほぼ天頂に見えます。太陽と水星はいて座に、そして金星はその東隣のやぎ座にて、日没後一時間くらいは宵の明星として見えたでしょう。

　このとき何が起こったのか、どんな事件が起こったのでしょうか？　この日に生まれた有名人としては大予言者ノストラダムス、その誕生日は一二月一四日です。ただしこれは

※衝・内合

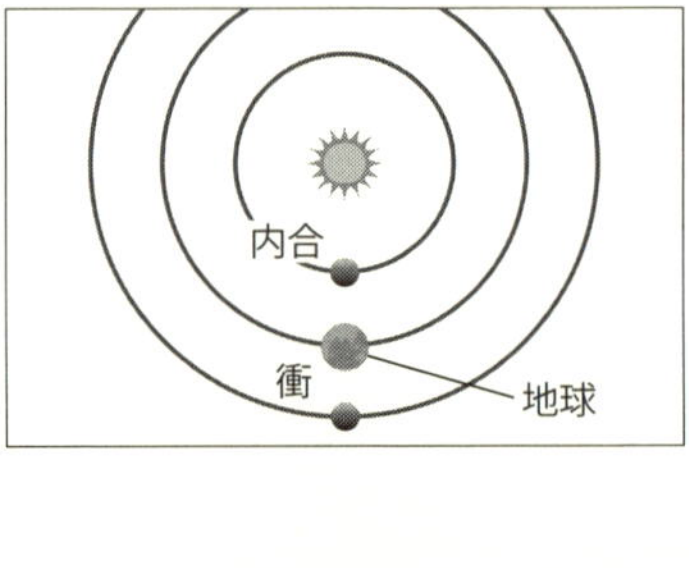

当時使われていたユリウス暦の値で、グレゴリオ暦に変換すると一二月二四日です。さすがは大予言者、やはり誕生日からして何かありそうだと思わないでください。同年同月同日に生まれた人は世界中に何万人もいたはずです。時は西ヨーロッパからインドへの航路や新大陸アメリカが発見されて大航海時代が始まったころ、日本では応仁の乱が全国に飛火し各地で戦国大名が台頭してくるころですね。みんな天動説を信じていたので、この夜空を見ても火星・木星・土星の集いとしか思えなかったでしょう。

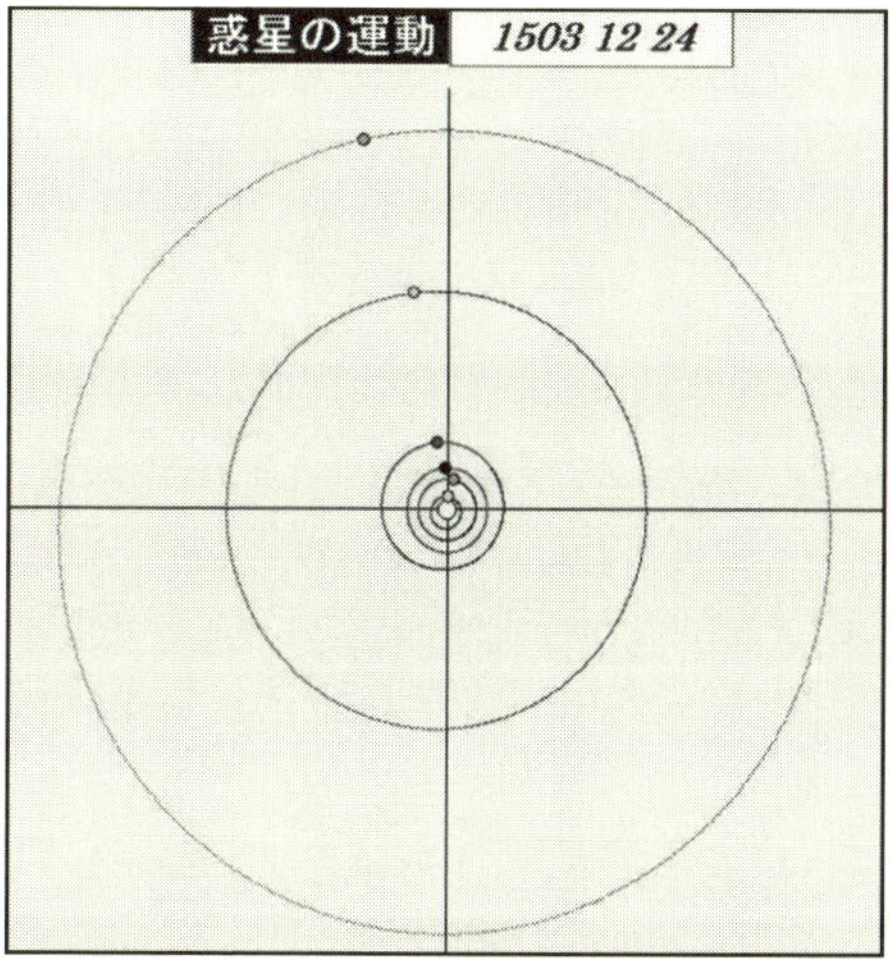

図2・20　1503年12月14日の惑星直列

ＢＣ二七四七年八月中旬にもこのような惑星配置がありましたが、深夜に火星・木星・土星はうお座に、水星・金星・太陽はおとめ座のスピカの近くにいました。その他にＢＣ二六六年一一月末、ＢＣ二二三〇年一月中旬にも起こっていますが、上記二件に比べると相互の位置はややずれています。惑星直列といえる現象は六〇〇〇年間にこの四回しか起こっていません。

それに対し、惑星集合とは惑星が天空

表2・3　五惑星集合ベスト5

年	月日時	範囲	星座	備考
BC1953	2月28日　日出前	5°	みずがめ	図2・21　夏の初期？
710	6月27日　日没後	6°	かに	玄宗の唐復興クーデター
BC1059	5月30日　日没後	7°	かに	殷末期で周文王に受命？
BC 185	3月26日　日出前	7°	うお	漢呂后の末期
2040	9月 9日　日没後	9°	おとめ	図2・23

上の狭い範囲に集まって見える現象を指します。惑星たちはやはり直線状に並びますが、太陽がこの直線から外れた場合に眺めることができます。地球は全惑星の端になります。筆者は自作のプログラムにより五惑星集合が上記の六〇〇〇年間で二〇度以内に集合するのは六一回、そのうち太陽と同方向で観望不可能なものを除くと三六回起こっていることを見つけました。そのベスト5を表2・3にまとめてあります。

最もコンパクトにまとまるのはBC一九五三年二月二八日（グレゴリオ暦では二月一一日）です。五星集合は古代中国では王朝交代・名君出現の兆しとされ関心を呼び、歴史書に記載されていることは第二節、第三節で述べた通りです。

ところが西ヨーロッパでは凶兆と信じられていました。一六世紀には一五二四年二月末にみずがめ座、一五六四年七月中旬にはしし座、一五八四年五月初旬にはうお座にと三回も起こりました。その都度、大洪水など天災が起こると予言され、多数の人々がパニックに陥りましたが、もちろん何も起こりませんでした。コペルニクスの地動説が発表される（一五四三年）前後ですが、ガリレオやケプラーが科学的根拠を与えるよりは前の時代です。科学技術の成果を利用している二〇世紀後半になってからも、似たような恐怖の予言がなされました。予言者の言う通りなら人類は何度も滅びているはずです。記憶に新しいのは一九九九年七月でした。幸運にも世紀末大予言は外れ、天体の落下も大地震も大津波も起こりませんでした。それに近い現象を強いて探せば二〇〇〇年五月一八日に起こった五惑星のすばるの辺りへの緩い集合でしょう。あいにくとすべて太陽の背後なので白昼のイベントとなり、その姿は見られませんでしたが、太陽コロナ観測衛星ＳＯＨＯの撮った画像にはコロナとともに惑星たちが写っていました。

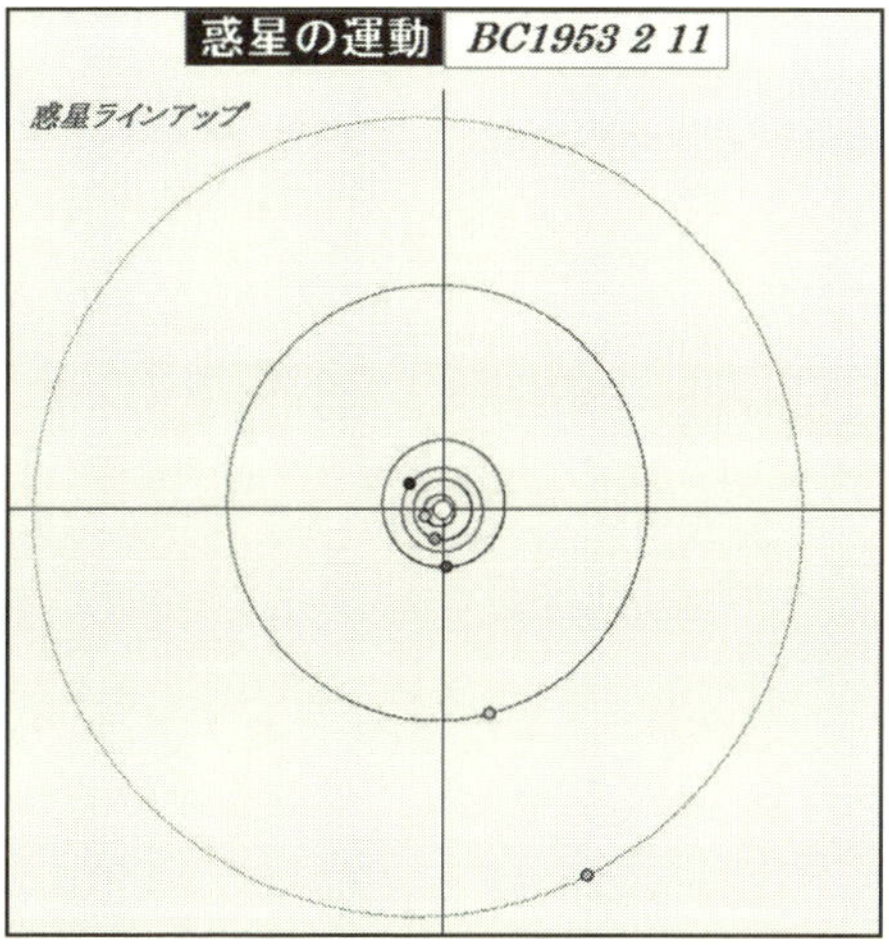

図２・21　BC1953 年２月 28 日の五惑星集合

最近起こった、ちょっと変わった「惑星直列」をご紹介しましょう。二〇一〇年八月一二日ごろ、土星・火星・金星・地球・木星・天王星の順に直線状に並ぶという現象が起こりました。土星・火星・金星は日没後の西の空おとめ座の方向、やや離れてしし座には水星が、そして細い月もここに加わりました。木星と天王星はその反対側のうお座にいて、後半夜、東南の空に見えました。この天象は天文ファンや占い愛好家の関心を引いたようでした。また二〇一一年五月一二日には六惑星が木星・火星・金星・水星・地球・土星の順に並びました。土星以外の四惑星は日の出前の東天うお座の方向に、土星はその反対のおとめ座に見えていました。しかしこの天象は全く話題になりませんでした。

今後の事件としては二〇四〇年の重陽の節句の夕に、西の空、おとめ座のスピカの近くに五惑星と月の集いが見られるので、せいぜい長生きして西南の空を眺めてみましょう（図2・23）。また二一〇〇年一一月一三日朝六時半、東の空に上から金星・土星・木星・火星・水星が順に一直線上に連なって昇って来るはずですが、昇って来る日の光が眩しすぎて見るのは無理でしょう。

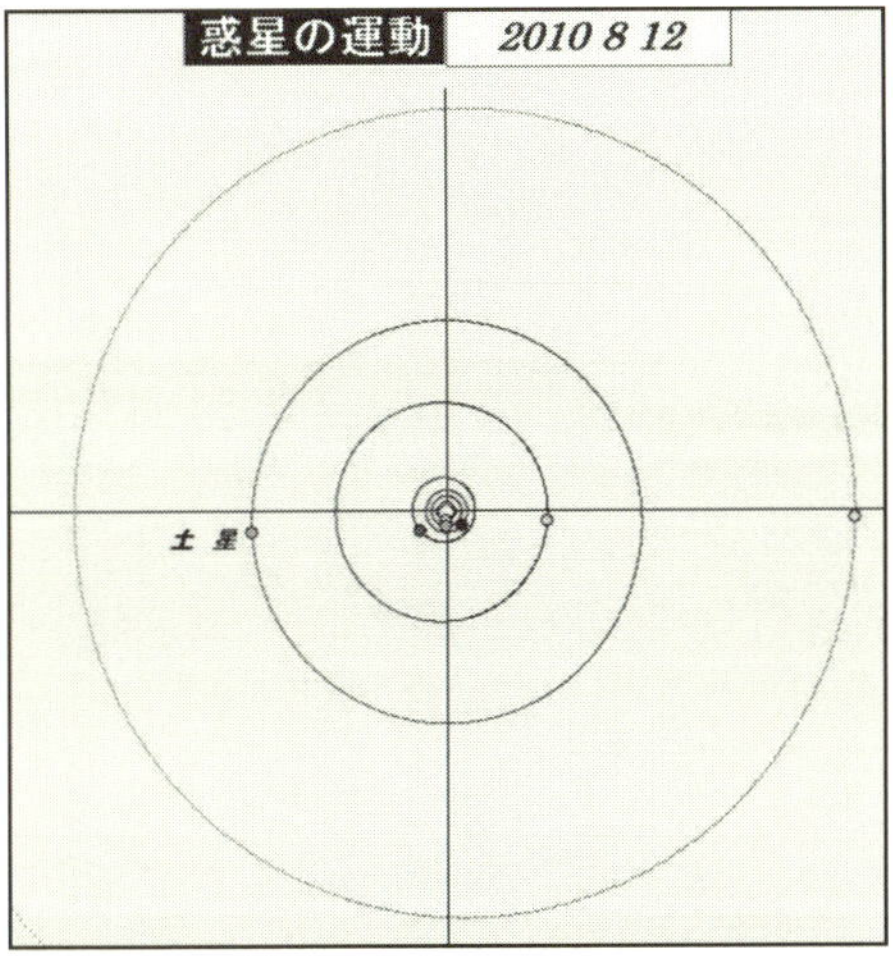

図２・22　2010 年８月 12 日の惑星直列

図２・23　2040 年９月９日の五惑星集合（ステラリウム使用）

ケプラーの法則

今日、私たちはすべての惑星は太陽の周りを反時計回りに、それぞれ円に近い楕円を描いて公転していることを知っています。約四〇〇年前、ケプラーはそれまでの膨大な観測データを丹念に整理して、ある規則性を見出しました。今日「ケプラーの法則」と呼ばれているものです。その後ニュートンによって万有引力を含む二階微分方程式として定式化され、それを解けばいかなる日時の位置・運動も予測できることがわかりました。惑星運動は超自然的な力を借りなくても解明できたのです。惑星は天球上をうろうろと「惑える星」ではなくなり、吉兆を告げる星ぼしでもなくなったのです。データを収集・解析して引き出した法則を定式化し、それによって未来の状態を予測するという研究方法は惑星運動に発し、やがて広く自然現象に適用され、今日の科学技術文明の基礎を築きました。「天体力学は近代科学の祖」といわれるのはこのような歴史的事実に基づいています。

そのケプラーの法則をきちんと説明するのは非常に難しく、教科書に書いてある次の文章だけで内容を理解することはちょっと無理でしょう。

Ⅰ　惑星は太陽を一つの焦点とする楕円軌道を描く

Ⅱ　太陽と惑星を結ぶ線分と楕円の長軸とでできる扇形の面積速度は一定である

Ⅲ　どんな惑星でも公転周期の二乗と軌道長半径の三乗の比は一定である

第一法則によると太陽は焦点にいて、惑星は楕円軌道を描くが、どのように運動し、いつどこにいるかは第二法則から導かれるケプラーの方程式（非線形なので数値的にしか解けない）を解いて求まります。公転速度は近日点で最大、遠日点で最小となります。第一、第二法則は一つの惑星についてですが、第三法則は複数個の惑星についての記述で、公転周期pと平均距離aの関係は次式で表せます。

$$a^3 = GMp^2 / (4\pi^2)$$

Mは太陽と惑星の質量和ですが、太陽の質量として差し支えありません。これより新しく見つかった小惑星の公転周期を測って、太陽からの距離を知ることができるし、また太陽の質量を求めることもできます。

ケプラーの法則は非常に普遍的で万有引力で運動している物体であれば成立します。木星と天王星の衛星の軌道長半径（x軸）と公転周期（y軸）を測定して、その対数をプロットすると図2・25のようになりますが、各直線の傾きはともに1.5であり、切片の差を2倍して真数をとれば母惑星の質量比を0.045と求めることができます。また夜空に輝く恒星の大半は互いに互いの周りを回る連星なので、その公転周期と2星間距離を測定してから質量比を求めています。

一九七七年に冥王星に衛星が発見され、カロンと名づけられました。驚いたことに冥王星の自転周期もカロンの自転周期もカロンの公転周期もすべて等しく六・四日なのです。こ

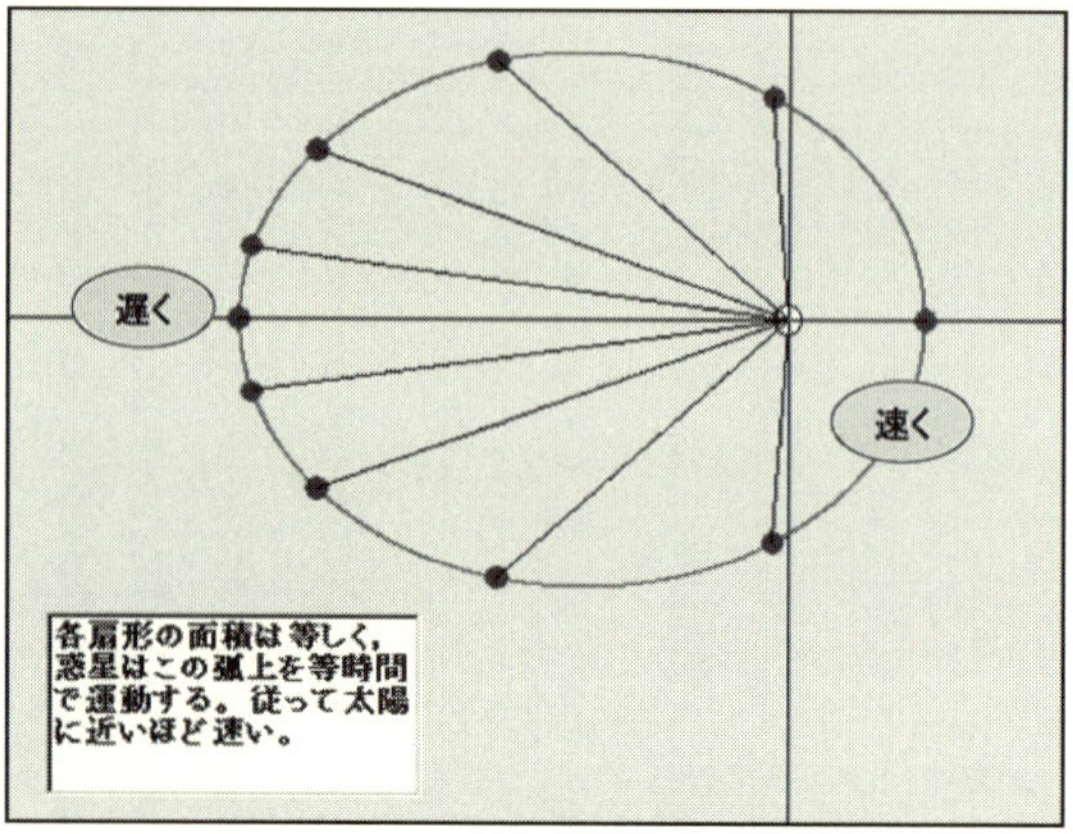

図2・24　ケプラーの第1・第2法則

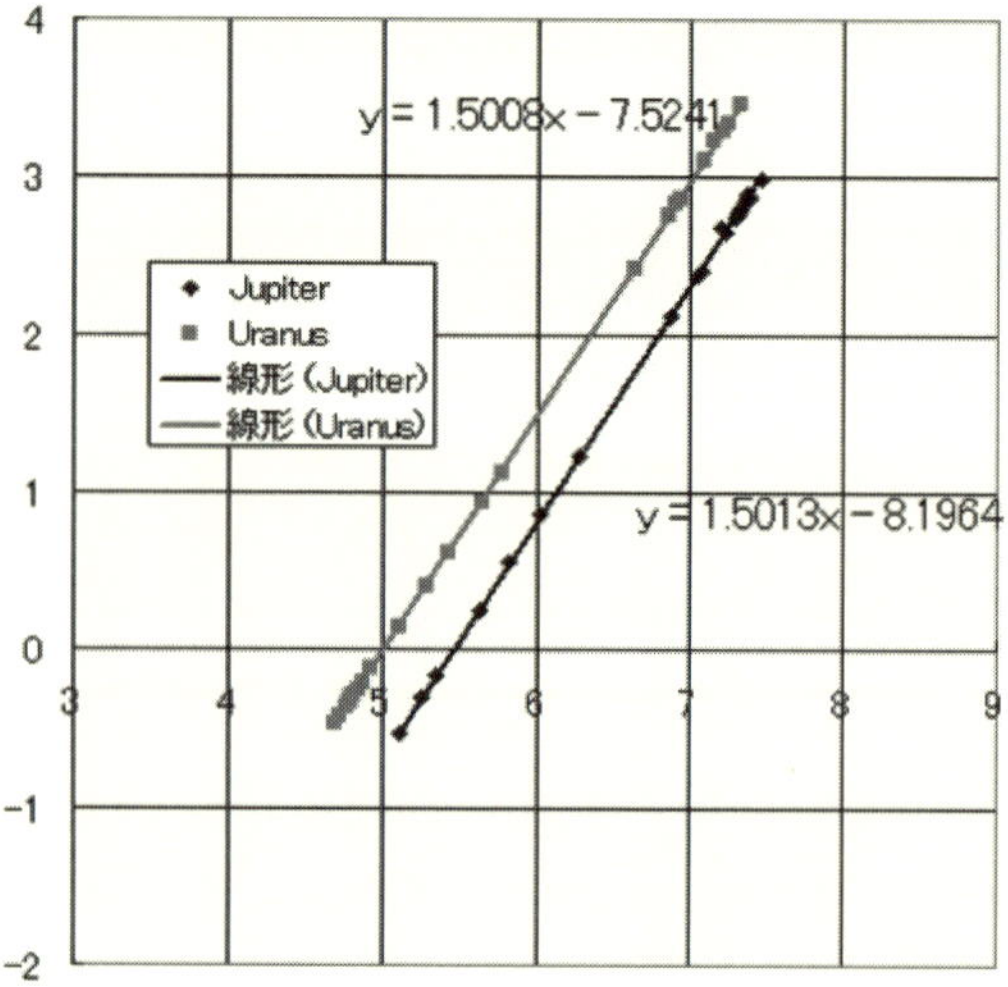

図2・25　ケプラーの第3法則

れは冥王星とカロンは見えない棒のようなもので固定されて運動していることになります。この数値より求めた冥王星の質量は、地球の五〇〇分の一しかなく、月よりも小さい。それでも何とか惑星の地位を保っていました。ところが二〇〇五年七月に発見されたエリス（衛星ディスノミア）は質量もサイズもほぼ冥王星と同じであることがわかり、ついに冥王星は惑星から外されてしまいました。今日、冥王星もエリスも準惑星に分類されています。

表2・4　火星の衝

年月日	星　座	備　考
2001年 6月13日	へびつかい	
2003年 8月31日	みずがめ	大接近　8月27日
2005年11月 7日	おひつじ	
2007年12月25日	ふたご	
2010年 1月31日	かに	
2012年 3月 5日	しし	
2014年 4月 8日	おとめ	
2016年 5月22日	さそり	熒惑守心（p.68）
2018年 7月26日	やぎ	大接近　8月1日

第三法則によれば、公転速度は太陽から遠い惑星ほど小さいので、外惑星は地球より遅く公転運動していることになります。地球から見た惑星の※見かけの動きは、地球が外惑星を追い抜いて行きますから、外惑星は後ろに進んでいるように見えます。後から出発した特急電車が鈍行電車を追い越すときと同じですね。これが逆行という現象です。火星の場合、その周期は二・一三五年（二年四〇・五日）ですから、表2・4のように二年ごとに毎回約四〇日遅れて起こります。

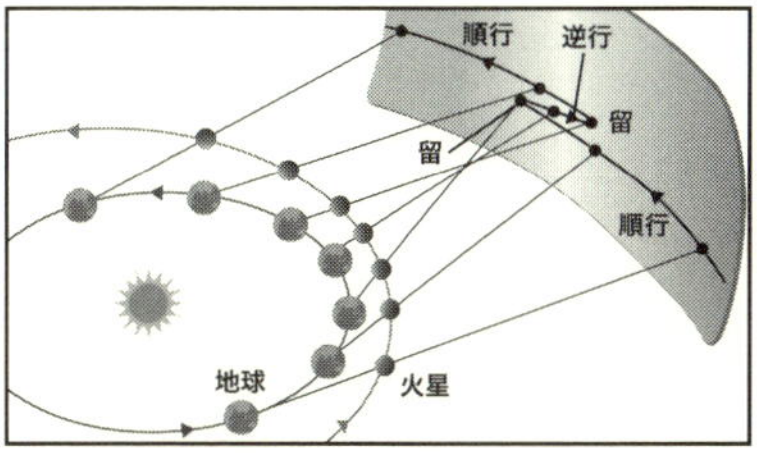

※地球から見た惑星の見かけの動き

また地球は一日につき約一度公転しているので四〇日は約四〇度に相当し、衝の位置はこの角度だけ東へ移っていることになります。ただし第二法則により太陽・火星間距離は大きく変動するので等間隔にはなりません。

かつて中国の天文官が忌み嫌った熒惑守心は決して珍しい現象ではなく、ほぼ15年ごとに起こります。でも、夏の南空で赤いアンタレスの近くを赤い火星が徘徊するのを見れば不気味に感じます。

惑星直列と潮汐力

では実際、各惑星の引力の累計は地球にどんな影響を与えるのでしょうか？　二つの物体間に働く万有引力はそれらの質量の積に比例し、その距離の二乗に逆比例します。すなわち元の距離から二倍離れると四分の一、三倍離れると九分の一、一〇倍離れると一〇〇分の一となります。二物体としてある天体Aと地球B、地球上の二点PとQを考えます。ただしPはAに近い方で、QはAに遠い方とします。P、Qでの引力はそれぞれ、

$$GM/(d-r)^2 \qquad GM/(d+r)^2$$

で当然前者の方が大きくなります（図2・26）。

記号は　d：両天体の距離　r：地球の半径　M：天体Aの質量　G：重力定数を表します。

地球の中心から見るとPはAの方向へQはその逆方向へ、すなわち地球は左右両側に引かれることになります。その力は潮汐力といわれるものでPあるいはQと地球中心の引力の差GMr/d^3で、距離dの3乗に反比例しますから、万有引力に比べ、離れると急速に弱まります。すなわち元の距離から二倍離れると八分の一、三倍離れると二七分の一、一〇倍離れると一〇〇〇分の一となります。潮汐力は文字通り一日二回起こる海水の干満を起こす力です。二つの天体が近接しているときには、Bを引き裂く力にもなります。また天体Aが白色矮星や中性子星でBと近接連星をなしている場合には、非常に重要な力となり活動的な現象が起こります。Bの表面から剥ぎ取られたガスは、Aの周りに巨大な渦巻き円盤を作りながら落下していき、数千万度に加熱されX線を発します。またAに降り積もったガスがある限界に達すると、Aは何の痕跡も残さず大爆破を起こすこともあります（一三五ページ参照）。

各惑星が地球へおよぼす万有引力と潮汐力を計算して比較してみましょう。

九八ページの表2・5において、天体の質量は地球の質量を一として、また距離はその惑星が最も地球に近づいたときの距離を天文単位で表してあります（そのとき万有引力と潮汐力は最大）。潮汐力の値は平均距離にある月からの潮汐力を一としています。太陽の質量は

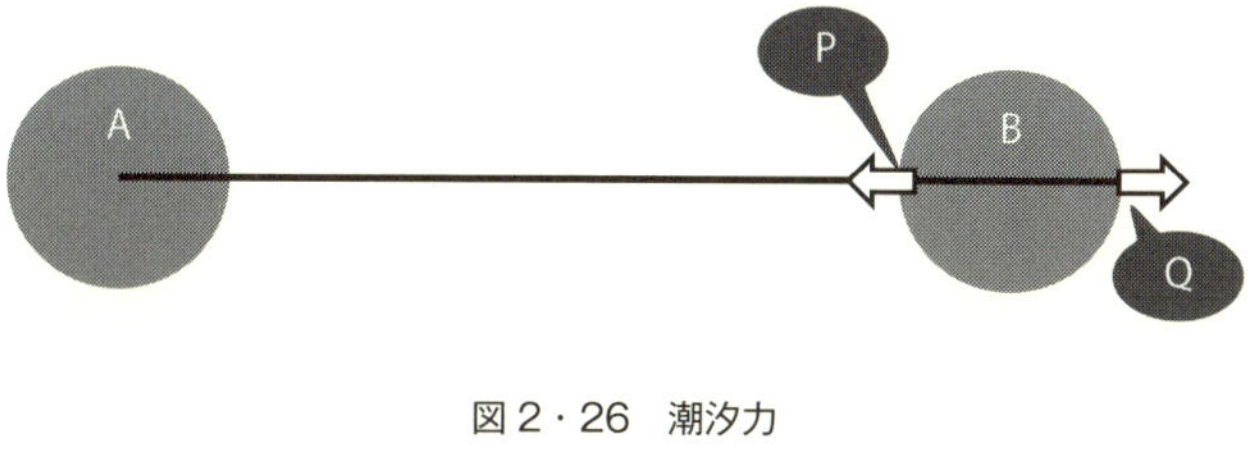

図2・26　潮汐力

表２・５　万有引力と潮汐力

天体	質量	距離	万有引力	潮汐力
水星	0.055	0.6170	0.0000754	0.0000003
金星	0.820	0.2770	0.0055747	0.0000510
火星	0.110	0.5240	0.0002090	0.0000010
木星	318	4.2030	0.0093902	0.0000057
土星	95	8.5550	0.0006771	0.0000002
太陽	333400	1.0000	173.9125262	0.4405204
月	0.012	0.0025	1.0000000	1.0000000

飛びぬけて大きいので地球におよぼす引力は群を抜いていますが、潮汐力源としては月の半分もありません。全惑星の潮汐力を合計しても、わずか一〇万分の一ほど変化するだけで、月による潮汐力の足元にもおよびません。いわば体重一〇〇キログラムの人がその一〇万分の一である一グラムほど減量してダイエットに成功したと吹聴するようなものです。したがって惑星直列による潮汐力の変動とそれに伴って洪水や地震の誘発などは全く心配ありません。

※フリーの惑星運動シミュレーションソフト OrbitViewer は、http://www.astroarts.co.jp/products/orbitviewer/index-j.html からダウンロードできます。

Column 2

干支

あなたは自分の年齢を数ではなくて十二支で言うことはありませんか。十二支の求め方は西暦年を12で割った余りが0なら申（さる）、1なら酉（とり）・・・・・11なら未（ひつじ）というように求めることができます。

十干はあまりなじみがありませんが、年を10で割った余り、すなわち年の一の位の数で決まります。その数が0なら庚（かのえ）、1なら辛（かのと）・・・9なら己（つちのと）と。戊「つちのえ」と戌「いぬ」、己「つちのと」と巳「へび」の字は間違いやすいのでご注意を。2013を10で割ると余りは3だから十干では癸、また12で割って9余るから十二支では巳、すなわち今年二〇一三年は癸巳（みずのとみ）の年です。来年は干支とも一つ進むので甲午となります。干支は10と12の最小公倍数である60を周期として繰り返されます。

中国では干支の使用は非常に古く殷の時代の甲骨文字にも記されていました。六五ページで述べたように紀元前十一世紀の青銅器の文字にも干支を読み取ることができます。歴史的に有名な事件には、干支がつけられているものが少なくありません。志賀の都が滅びた壬申の乱は六七二年に、清朝滅亡の源となった辛亥革命は一九一一年に起こりました。高校野球のメッカである甲子園球場は一九二四年に作られました。10で割っても12で割っても余りが1（すなわち60で割って余りが1）である年は辛酉（かのととり：しんゆう）となりますが、この年は重要な始まりの年であると言われていました。辛酉の年には王朝が交代する（辛酉革命）という思想があり、推古天皇九年（六〇一年）より1260（= 60 × 7 × 3）年前の辛酉の年であるBC六六〇年が神武天皇即位の年と定められたと言われています。

干支は年だけでなく日にもつけられ、六〇日周期で繰り返されます。二〇一三年一月二七日、三月二八日、五月二七日、七月二六日、九月二四日、一一月二三日は癸巳の年の癸巳の日となります。任意の日の干支は筆者のページ http://www.kcg.ac.jp/kcg/sakka/koyomi/eto.htm から得られます。干支は太古から連続しているので、日付の特定に役立ちます。

十二支は方位を表すときにも使われます。子丑寅・・・亥を時計回りに環状に並べ、北を子、東を卯、南を午、西を酉の方位としました。それらの中間の北東は艮(うしとら)、南東は巽(たつみ)、南西は坤（ひつじさる）、北西は乾（いぬい）です。乾御門は実際に御所の北西にあるし、「わが庵は都の巽しかぞ棲む・・・」という『百人一首』の喜撰法師の歌は都の東南である宇治に住んでいることを表しています。陰陽道では、艮（北東）は鬼が出入りする方角であるとして、鬼門と呼ばれてきました。平安京大内裏の鬼門は晴明神社や比叡山延暦寺が守っています。地球面で北極南極を結ぶ線、また天球面上で天頂天の北極南極を

	十干	十二支	方位	時刻
0	庚　かのえ	申　さる		16
1	辛　かのと	酉　とり	西	18
2	壬　みずのえ	戌　いぬ		20
3	癸　みずのと	亥　ゐ		22
4	甲　きのえ	子　ね	北	0
5	乙　きのと	丑　うし		2
6	丙　ひのえ	寅　とら		4
7	丁　ひのと	卯　う	東	6
8	戊　つちのえ	辰　たつ		8
9	己　つちのと	巳　み		10
10		午　うま	南	12
11		未　ひつじ		14

結ぶ線を「子午線」と言っています。また時刻表記にも使われ、丑の刻とは一時から三時までの二時間です。それを丑の一刻、丑の二刻、丑の三刻（丑の正刻）、丑の四刻と分けるので「丑三つ時」とは二時ころです。ただし時刻ではなく二時から二時半までの時間という説もあるそうです。午前、正午、午後は言うまでもなく午の正刻を基準にしています。十二獣は国によって多少違っています。特に多くの国で亥は豚だそうです。

十干は五行説に由来し、五元素、木（もく、き）・火（か、ひ）・土（と、つち）・金（こん、か）・水（すい、みず）を兄（え）と弟（と）に分けて一〇種としました。

「甲（きのえ）」は「木の兄」、「乙（きのと）」は「木の弟」のことです。現在ではものの階級・等級・種類・成績を示すとき、また契約書などにおける両者の名称として使われています。優劣がつけにくい時「甲乙つけがたい」という慣用句もあります。

第二章　合犯・客星——日本古典文学の中の天変

平安京の太政官組織には天文の部署があり、暦作り、天文観測が組織的に行われていました。天変の出現は陰陽師によって詳しく記録され、また公家の日記からも知ることができます。日食、彗星、超新星出現の記載は今日の天文学に重要な資料となりました。安倍晴明や藤原定家は天文学へ重要な貢献をしたのです。

一．天文博士安倍晴明は見た！

大器晩成の天文博士

安倍晴明（九二一～一〇〇五）といえば、古典『今昔物語』から現代の『陰陽師』までの多数の文芸作品によって呪術師のようなイメージが定着していますが、実は一〇〇〇年前の京の都で活躍した天文学者です。彼の役職「天文博士」とは星のことをよく知っている先生という呼び名ではなく、れっきとした太政官陰陽寮の官職名で、彼は中級国家公務員なのです。

陰陽寮には四つの部署があり四人の博士がいました。暦博士、漏刻博士、陰陽博士、そして天文博士です。彼の本来の役目は天文現象を克明に記録し、日月食・彗星・流星など変わったことがあれば直ちに内裏へ奏上することです。「天変」に敏感な朝廷にとって重要な仕事でした。当時は天文現象は天の警告であると考えられていました。例えば日食が起きたとすれば、これは今の政治がうまくいっていないから、天が怒って日食を起こすというものです。陰陽寮の天文分野では十数名のメンバーで毎夜の観測当番をこなしていたそうですから、それだけでも相当大変だったでしょう。さらに主な仕事は各天文現象の調査解釈、各種公式行

図３・1　安部晴明（イラスト：西岡季美）

事への参加、天皇・皇族・貴族のための占いや祈祷……などなどがあります。紫式部や清少納言たちと同時代ですから御所のどこかで出会うこともあったでしょうが、歌会に出席ということはなさそうです。

　彼の前半生はなぞに包まれていて、ようやく四〇歳で「天文得業生」としてデビューします。これは優秀な天文生に与えられる称号です。五二歳で天文博士となってからは多忙な業務をこなしていたようです。当時としては非常に長命で、晩年は藤原道長（九六六〜一〇二七）の信任が厚く、八〇歳で従四位下、八二歳で大膳太夫・左京権太夫という位に任じられています。道長自筆の日記である『御堂関白記』（国宝）には、長保六年二月十九日（一〇〇四年三月一二日）に道長が八四歳の晴明を伴って新しく作る法華三昧堂の土地探しに宇治木幡に行ったこと、その日は「癸酉の日曜」と記されています。『御堂関白記』は陰陽師の作った具注暦※に道長が書き込んだもので、そこには干支・二十四節気・吉凶の占いはもちろん、日月火水木金土までが書いてあります。この日の干支と曜日は、実際に計算して確認されました。曜日が輸入されたのは決して明治になってからではなく、九世紀初めに空海（七七四〜八三五）が唐から持ち帰ったもので、平安時代には密教行事

※具注暦
朝廷の陰陽寮が作成し頒布していた暦で、奈良時代から江戸時代まで公家大名に使用された。

だけでなく広く貴族間に使われていたようです。早春の日曜日に宇治に出かけた帰りには、どこかで梅花見物でも楽しんだのではないでしょうか？

スローー出世の彼は八四歳の没年まで諸行事を行うなど現役として活動しています。あの世から「頑張れ中高年！」と叱咤激励されそうですね。

花山帝退位の天変

安倍晴明の天文博士在任中に起こった天変の中で、日付が確定していて最も有名なのが寛和二年六月二十二日（九八六年七月三一日）の花山帝退位事件です。頃は平安中期、戦乱もなく死刑も行われず一見平和な時代でした。橘氏・伴氏・菅原氏・紀氏・源氏（皇族）など有力な他氏を排撃し、朝廷の高位高官を独占した藤原氏は、陰謀による仲間同士の骨肉の争いをうち広げていきます。そして「戦にも乱にも」よらず摂関政治を確立していった総仕上げの事件がこれなのです。

これを企画・総指揮する右大臣藤原兼家（九二九～九九〇）は、娘詮子が円融天皇との間に生んだ懐仁《やすひと》親王を帝位に就けるため、花山天皇（九六八～一〇〇八、在位九八四～九八六）を退位させようと企みます。彼には道隆、道綱、道兼、道長という息子がいますが、ここで暗躍するのは三男道兼です。

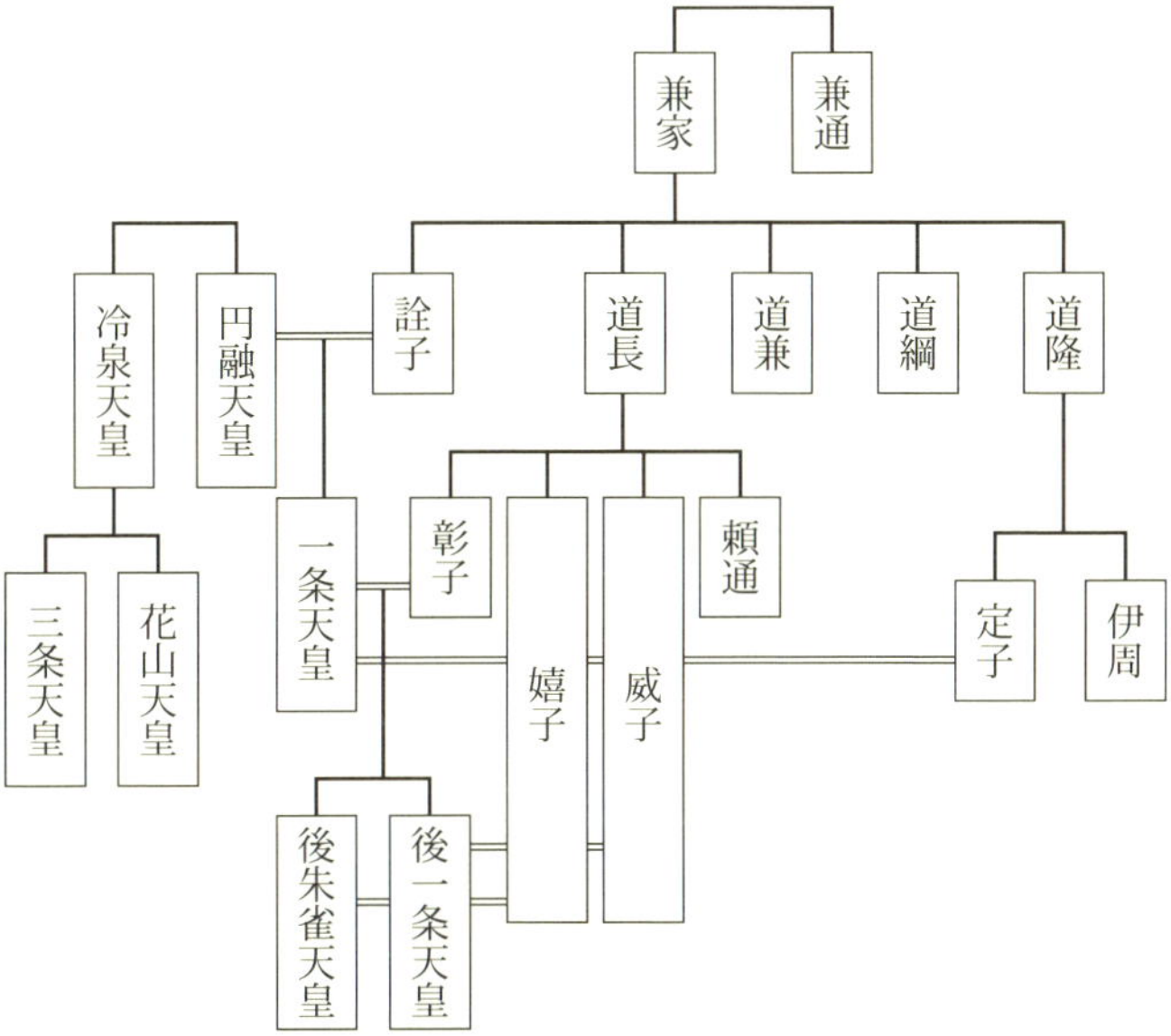

図3・2　花山帝退位事件　関連系図

帝はまだ一九歳、とても退位する歳ではありませんが、寵愛していた女御をなくし失意の底にあったのに乗じて、道兼は帝に一緒に出家しましょうと誘います。夜半、帝を御所から連れ出し、土御門大路を東行する途中、安倍晴明宅の前を通り、東山の花山寺（元慶寺、図3・3）に着きます。ところが、いざ髪を剃る直前になって両親と最後の別れをするからといって寺を抜け出しそのまま帰ってきませんでした。すでに頭を丸めてしまった花山法皇、そのときになってやっとだまされたことに気づいたけれど、もはや遅し。翌朝七歳の懐仁親王は即位して一条天皇となり、兼家は念願の外祖父となり、摂政に就任します。

この事件は権力が兼家の子孫のみに属する契機となったので、彼の陰謀クーデターといわれますが、むしろ一滴の血も流さずに象徴天皇制を確立したと評価されてもいいのではないでしょうか。イギリスではこれより数百年後、国王が「君臨すれども統治せず」となるまでには多数の人々の血が流れているのです。兼家の没後、道隆さらに道兼が継ぎますが、二人とも短期間で病没、特に道兼はわずか一一日の在任でした。そしてやがて世は道長の時代に移っていきます。ちなみに兼家の四人の息子のうち道綱だけは摂政・関白になれず、道長の時代になってようやく右大将に昇進しますが、彼の母は兼家の妻の中で最も有名で、『蜻蛉日記』を著し、また百人一首にも激情的な歌を残しています。この当時、一条天皇の皇后である定子（道隆の娘）には清少納言が、中宮である彰子（道長の娘）には紫式部が仕えていました。さらに和泉式部、伊勢大輔などを加え、あまたの才女たちが活躍した時代です。華やかな王朝文化が栄える前夜には上記のような凄惨な事件があり、それには晴明も関与していたようなのです。

図 3·3　花山寺（元慶寺）山門（京都市山科区）

藤原氏繁栄の陰に晴明の力が…

図3・4の文章は『大鏡』の中の有名な件で、高校の古文の教科書にも載っていますから、ほとんどの人は目にしたでしょう。当日の深夜、花山天皇が御所から花山寺に行く途中、晴明の家の前を通ったときに、晴明は「帝の退位を示すような天変があったが、事は既に終わってしまったようだ」と叫んだと記されています。帝の退位を示す天変とは、一体何だったのでしょう?

この天変について斎藤国治氏は木星がてんびん座α星（二・七五等星）へ犯を起こしたことだと述べています。「犯」とは天体同士の異常接近ですが、「食」のように重なることではなく両星は分離して見えます。天体同士の接近は程度により「食」「犯」「合」と書き分けられていますが、はっきりとした基準があるわけではありません。実際に計算した結果、木星は七月末に、てんびん座α星の約〇・五度北にあることがわかります。当日この二星は、午後一〇時半ごろ南西の空に沈むまではこの犯が見えたでしょう。晴明はこの天変を内裏へ急告しようとしたけれど、すでに退位後のことで間に合わなかった……果してそうなの

帝おりさせたまふと見ゆる天変ありつるが、すでになりにけりと見ゆるかな…。

図3・4　『大鏡』の一部

図３・５　帝の夜行（イラスト：楽喜）

でしょうか？

大鏡の上記の文章のもう少し前を読んでみると、帝が御所を出ようとしたときには「有明の月のいみじう明かりければ……月の顔にむら雲のかかりて」から出発したと書かれています。旧暦二二日ですからほぼ下弦の月、月の出は真夜中の一二時前、帝の夜行はその後しばらくして月に雲がかかったころですから、多分一時か二時ごろです。木星はすでに沈んでしまった後、なぜ晴明は三〜四時間も経ってから奏上せねばと言ったのでしょうか？

木星は一二年弱で天球上を一周するので、ほぼ黄道上にあるてんびん座α星とはこの周期で犯を起こします。実際九七四年、九六二年、九五〇年にも起こっています。晴明はこのときすでに六五歳で天文に熟知していたはず、一二年前、二四年前の犯について知らなかったとは考えにくい。いやこの度の犯も前もって知っていたかもしれません。古来、中国の天文学では白道に沿って二十八宿を定め、各宿で基準になる星を距星と呼びました。そのひとつ氐宿《ていしゅく》の距星はてんびん座α星で、天文官にとっては重要な星です。しかしこの犯はそれほど珍しい天象とは言えません。

他に天変の可能性はないものか？　深夜一時二時ごろには木星・土星はすでに沈み、水星・

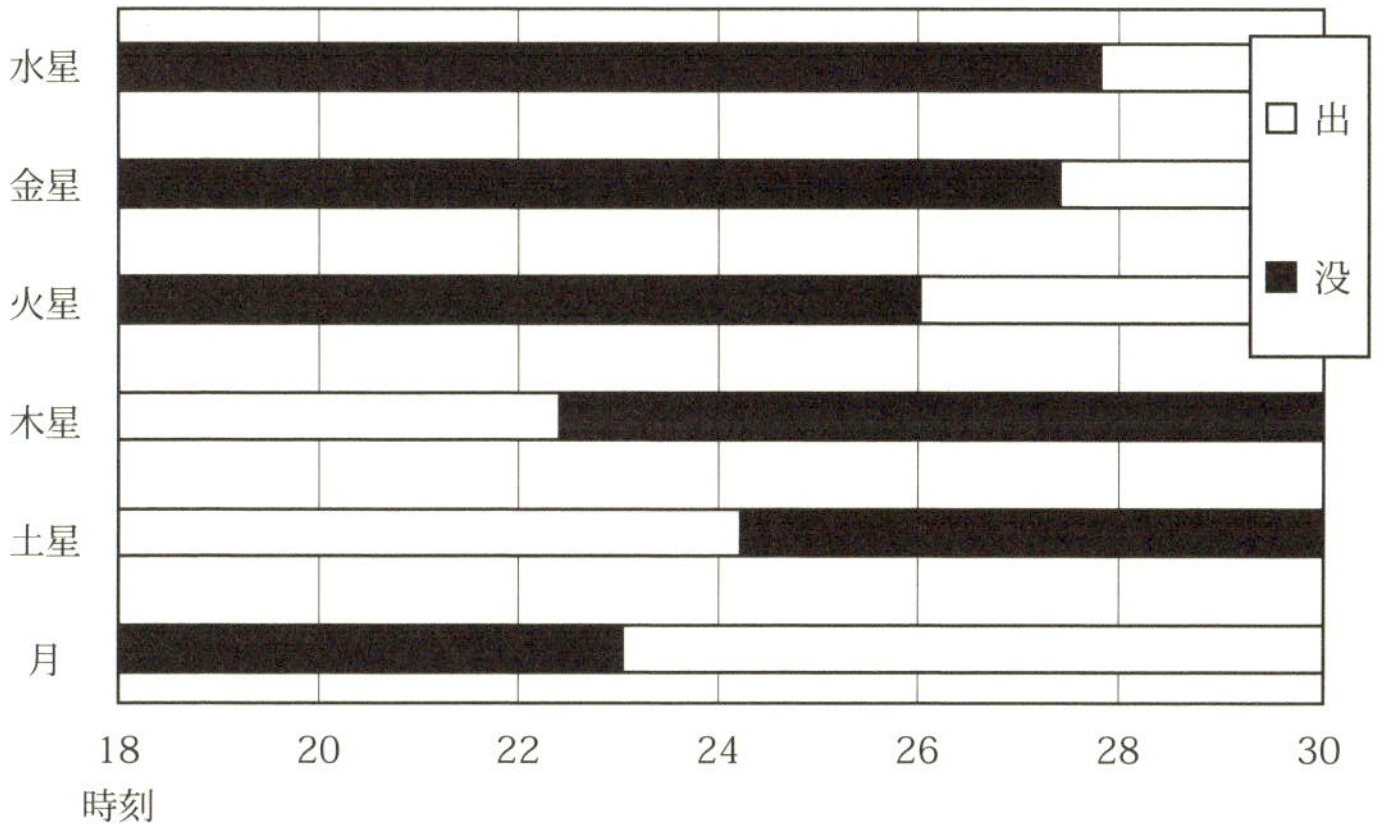

図3・6　986年7月31日の惑星の出没

金星・火星はまだ東の地平線下です。彼がこのとき見たものは惑星現象ではないようです。では月は?

前述のようにこの日、月の出は一二時前で翌朝までおうし座のすばるのあたりに見られます。栗田和実氏は午後一一時ごろから翌日一時ごろまで起こった月のすばるの前面通過を指摘しています。これなら帝が御所を出て山科の花山寺に向かう途中、晴明の家の前を通り過ぎたころに良く合います。すばるといえば枕草子の一節を想い出しますが、古代から親しまれてきたこの星々を半月が隠したのです。すばる食は二〇〇六年から二〇〇九年にかけて何度か起こりましたが、実際にはすばるの星々に比べ月が明るすぎて見えにくいものです。

筆者は「木星のてんびん座α星への犯（前半

夜の西空)」と「半月がすばるを隠す（後半夜の東空)」のどちらかを二者択一するのではなく、両方を合わせて独断的解釈を試みました。

ベテラン観測家の晴明は、すでに数日前から木星の犯が起こることもすばる食が起こることも予知していた。彼はこの二つの天変がこの夜起こることを帝に奏上すべきなのに、藤原兼家・道兼父子に密告した。彼らは大喜びで、帝に退位を強く勧めた。帝も星のお告げならやむなしと、しぶしぶ出家を決意した。晴明は予報が両方とも当たり、帝がすでに退位したのを確認してから役目上の義務として報告に行こうとした。

そうならば晴明はこのクーデターの加担者ではないか……さて真相は？

この事件の後、晴明は公私ともに仕事のオファーが増え、位階も昇進していきます。六五歳になってヒノキ舞台に立つきっかけがこの天変だったようです。事件の二年後、晴明が花山帝退位事件に関与していたことを示唆するような天変があるのです。永延二年八月（九八八年九月）、熒惑（火星）が軒轅女主《けんえんじょしゅ》（しし座のレグルス）を犯す（接近）ことがありました。帝（一条）は重い物忌みに入り、天台座主の尋禅が熾盛光法《しじょうこう》を、安倍晴明が熒惑星祭という儀式を執り行うことになりました。しかし晴明は決められた日に行わなかったために、怠状（始末書）を召されたという話が『小右記』（藤原實資著、九五七〜一〇四六）に載っているそうです。ところがレグルスはほぼ黄道上にあるので、惑星と接近することは決して珍しくないことです。火星とは二年余の周期で出会い、九八八年九月一八日の前にも九八六年一〇月一二日、九八四年一一月二一日……にも接近しています。晴明はこれらのことを承知していて、熒惑星祭なんぞ要らないと思ったのではないでしょうか？　しかし幼帝とはいえ違勅に対して始末書だけとはずいぶん寛大な処置で、左遷降格された様子もありません。実は摂政兼家は晴明の理を認め、二年前の返礼として軽い処分ですませたというのは筆者の思いすごしでしょうか。

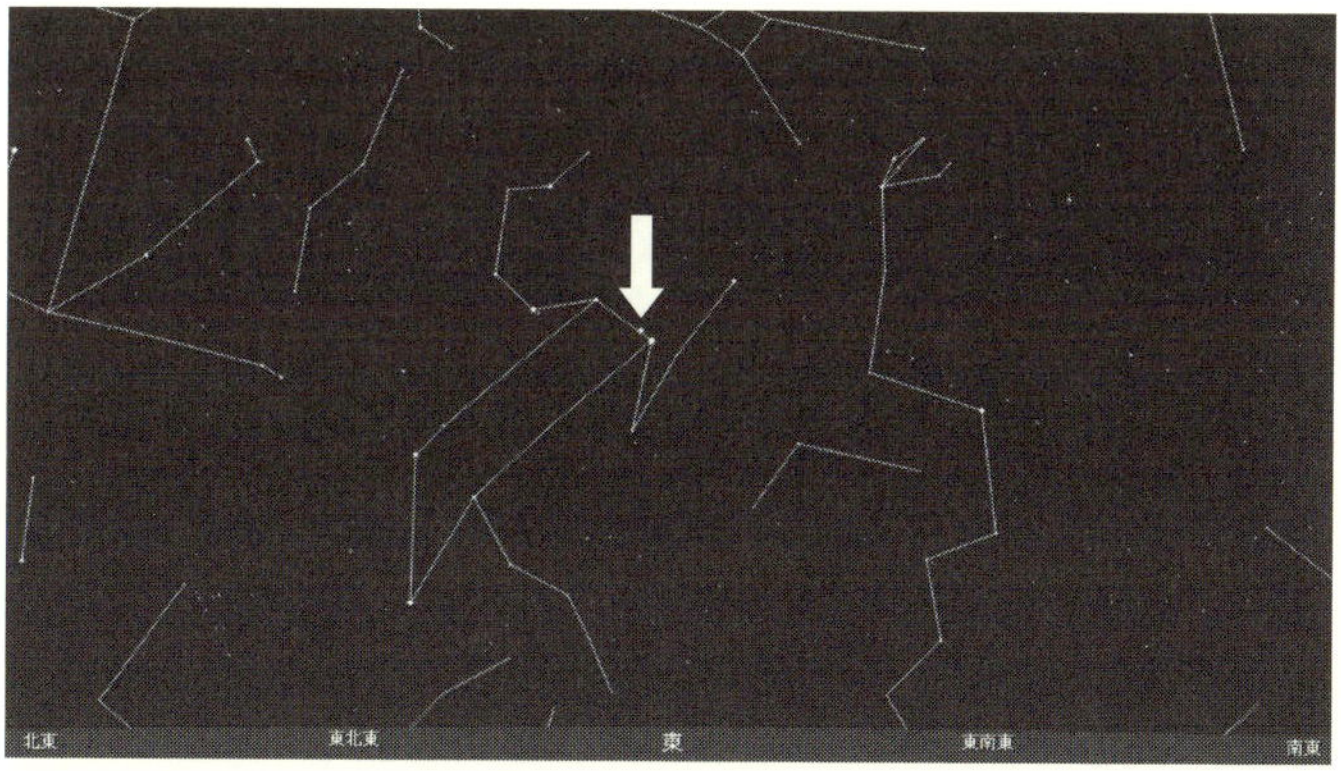

図３・７　永延二年の天変　矢印は火星でその右下にレグルス
（株式会社アストロアーツのステラナビゲータ使用）

さまざまな犯

晴明が天文博士に任じられた天禄三年十二月六日（九七三年一月一三日）とその翌年の天禄四年一月九日（九七三年二月一四日）に天変による天文密奏が行われています。これは詳しいことはわかりませんが（密奏ですから）、それに見合う天変をPCで計算しながら探してみましょう。

このころ日月食はありませんが、前年一二月から三月にかけて、金星と火星が日没後の西天で離散集合していく様子が見られます。九七二年一二月二日にやぎ座にて接近した後、翌年の一月、二月は離れていますが、三月二五日におひつじ座で再会します。その異様な動きが目を引いて天変と見なされたのかもしれません。それより高い可能性で考えられるのは木星のおとめ座θ星（四等星）への犯（図3・8左矢印）、すなわち異常接近です。九七二年一二月に木星はおとめ座を東進（順行）中でθ星に次第に近づいていきます。ところが翌年一月一〇日ごろから二月初めまでこの星のすぐ西側でほとんど動かず停止しているように見えます。そしてその後は離れていく、すなわち西へ移動（逆行）するのです。逆行は五月中旬まで続き、そのときはγ星（図3・8右矢印）あたりに達します。その後はまた順行に転じますが、上記の天文密奏は時期的に木星の留※（停止）にあたります。火星や木星の留は中国では紀元前から注目され記録されていた天文現象で、晴明もきっと知っていた

※留
九五ページ注釈参照。

でしょう。現在私たちは「惑星は太陽に近いものほど速く公転する」ので、このような現象は地球の公転が木星の公転運動を追い越していくために起こるということを知っていますが、それはこれより六〇〇年後の一七世紀初にケプラーによって発見された法則によるもので、当時には天変と思われていました。

また天延二年十二月三日（九七五年一月一七日）にも天文密奏を行っています。そのころの天変としては一月一五日の日食と三〇日の月食がありますが、日本ではこの日食は日没後で、月食は月の出の前に起こるので、ともに見られないはずです。一方、金星と木星が前年末から接近していて、一月中旬には夜明け前に東南の空アンタレスの北に見られます。一一日には細い月も一緒に見えたはずです。彼はこの四天体の集合を天変としたのかもしれません……もっとも流星、彗星、新星の可能性もあります。

天文博士就任間もない九七五年八月一〇日に起こった皆既日食については三四ページに、また九八九年の夏にやって来たハレー彗星については一五五ページに記載しました。この他に晴

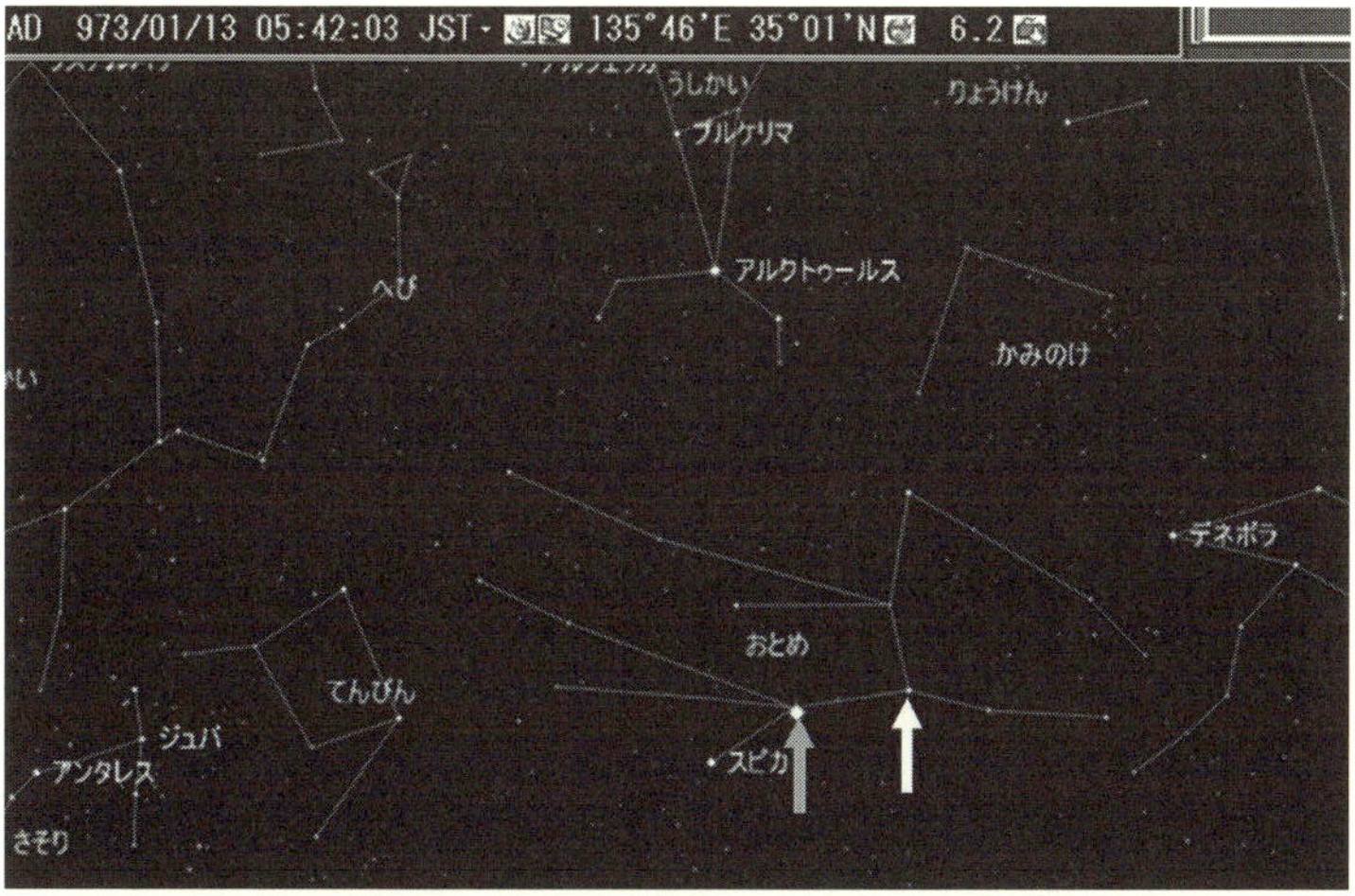

図３・８　天禄三年の天変　左矢印はおとめ座θ星、右矢印はγ星
（株式会社アストロアーツのステラナビゲータ使用）

明の時代の天変としてしし座流星群があります。九六七年一〇月一四日（『扶桑略記』）、および一〇〇二年一〇月一四日、一〇三五年一〇月一四日（『日本紀略』）に終夜流星が飛んだと記録されています。ひょっとしたら、晴明およびその後継者の陰陽師は、この流星は周期的に起こる現象であると気づいていたかもしれません。

平安京の陰陽寮

今や晴明神社（図3・9）は京都の名所・パワースポットの一つになっていて、多数の若い女性が訪れています。社伝によると、晴明の没後間もない一〇〇七年に創建されました。この神社はなぜか東向きで（ほとんどの神社は南向きですが）境内いたるところに五芒星のマークが見られます。晴明神社は、平安京の外で大内裏の北東角、いわゆる鬼門に位置しています。晴明は没後も大内裏の鬼門を守っているわけです。境内には一条戻橋のミニチュアがあります。この橋はあの世とこの世をつなぐ橋であり、橋の袂《たもと》にある像は、晴明が呪術を行うときのアシスタントといわれる

図3・9　晴明神社

式神です（図３・10）。この地は晴明の旧宅跡と言われていますが、実は彼の旧宅は、少なくとも花山帝退位の九八六年には、西洞院土御門通り東北角（図３・12の３）、現在のブライトンホテル付近にあったはずです。なおその通りを東進すると道長の旧邸土御門殿に至ります。今は住宅地で当時を語るものは何もありません。では晴明神社は彼の旧宅跡ではないのか？……晩年になって裕福になった晴明はこの地に別邸を持ったのかもしれませんね。

当時の平安京は、現在の京都市に比べずっと西寄りでした。東西の中央である朱雀大路は現在の千本通りで、その道幅はなんと八〇メートルもあったそうです。内裏は一条大路、二条大路、大宮で囲まれた方形にありました。京極とは文字通り都の果てで東京極は現在の寺町通り、鴨川東岸は全くの洛外でした。西京極の名はそのまま現在も残っています。北の境は一条通り、南は九条通りです。都の四隅（図３・12の７a、７b、７c、７d）および大内裏の四隅（10a、10b、10c、10d）では外敵の侵入を防ぐ疫神祭が行われていました。平安京を守るのは堅固な城壁でもエリート近衛兵でもなく、陰陽師の呪術だったのでしょうか。

図３・10　式神

千本丸太町周辺はかつての中央官庁街、いわば霞が関でした。晴明の勤務先である陰陽寮は現在の千本丸太町の東あたり（４c）でした。西洞院土御門通りの

図３・11　晴明塚（京都市右京区）

自宅から歩いて約二〇分です。彼はここで天文観測をしたり天文密奏を執筆したりしていたのでしょう。

安倍晴明ゆかりの地は京都市内では元興寺（山科区）、真如堂（左京区）、晴明塚（図3・11）などがありますが、大阪、愛知、静岡、東京、福島、岡山など全国各地に広がっています。彼は『大鏡』『三代実録』『続日本紀』などの史書、『今昔物語』『宇治拾遺物語』『日本霊異記』などの物語、また各地の民話や北斎の画など、一〇〇〇年間も人々を惹きつけ語り継がれてきました。現代では小説、マンガ、映画などで呪術師としての姿が強調されていますが、筆者は天文学者としての晴明を忘れないでほしいと願っています。

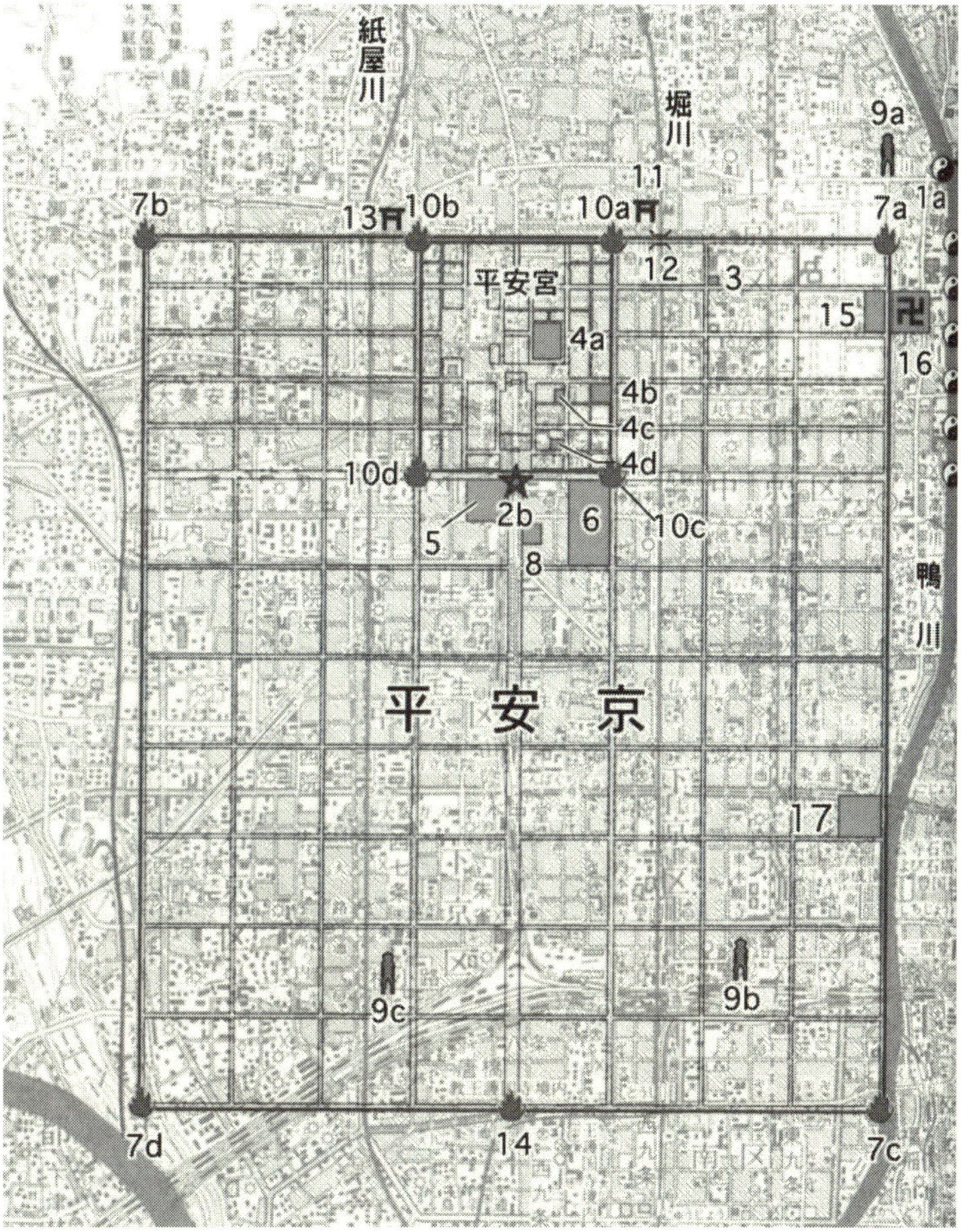

図３・12　平安京地図（山田邦和「平安京の陰陽道関連地図」、京都文化博物館ほか編『安倍晴明と陰陽道展』読売新聞社、2003 年より）

3　安倍晴明宅（東西は土御門通り　南北は西洞院通り）、

4a　内裏　4b　大膳職　4c 陰陽寮（晴明の勤務先）　4d 主計寮、

5　穀倉院、6　神泉苑、7a-7d　京城四隅厄神祭推定地、（8・9 は省略）

10a-10d　宮城四隅厄神祭推定地、11　晴明神社、12　一条戻橋、

13　大将軍八神社、14　羅城門、15　藤原道長土御門殿、16　法成寺、

17　河原院（伝芦屋道摩寓居跡）

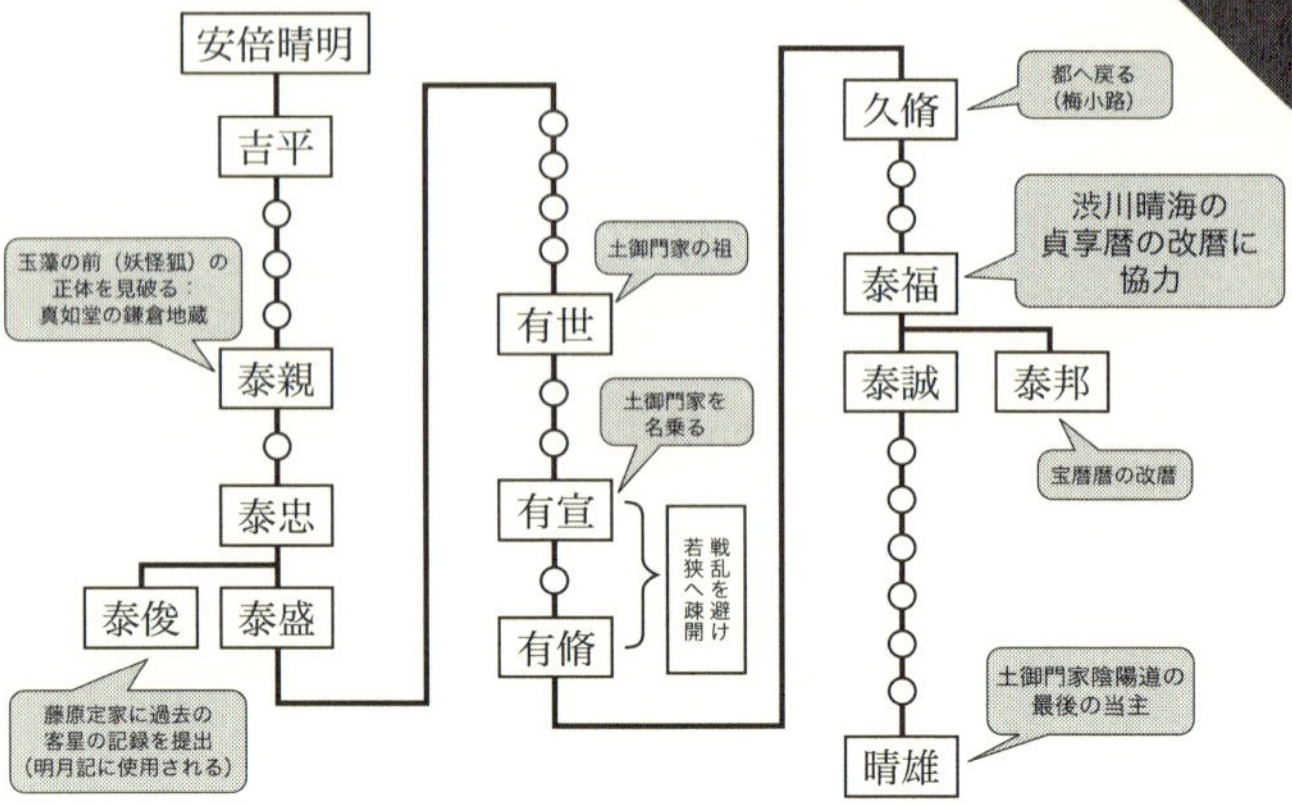

図３・13　安倍・土御門家系図

晴明の子孫たち

安倍晴明の先祖は不確かですが、天武・持統時代に右大臣になった阿倍御主人《あべのみうし》（六三五～七〇三）は実在の人物で、竹取物語に登場しています。

晴明以降は系図が残っていて、その子孫は代々天文博士に任じられていました。藤原定家に客星出現の報告をした泰俊については次節をご参照ください。室町時代の後半からは土御門家を名乗り、応仁の乱を避けて若狭の名田庄に疎開しますが、関ヶ原の戦いの後、久脩（一五六〇～一六二五）は帰京し、幕末まで続きます。江戸時代、泰福は渋川春海の貞享《じょうきょう》改暦に協力しています。土御門氏が観測した天文台は円光寺（下京区梅小路）の広大な敷地内にあり、その礎石は残っています。

二．歌人藤原定家の偉大な天文業績

超新星出現の記録

をとめのすがた　しばしとどめむ
けふここのへに　にほひぬるかな

お正月のかるた取りというより冬休みの宿題として、なじみの深い『百人一首』は古くから親しまれています。この一〇〇首を選んだ藤原定家（一一六二～一二四一）は平安末期から鎌倉初期の歌人で、『新古今和歌集』の選者も務め、また『源氏物語』や『土佐日記』の研究者としても知られています。彼は『明月記』という日記風のエッセイを著していますが、これは一八歳の治承四年（一一八〇年）から七四歳の嘉禎元年（一二三五年）まで半世紀以上にわたって書き綴られたものです。書き続けるだけでも偉業です、しかも全部漢文……とても真似はできません。

とりとめもない日常的な話題の中に、天文記録が一〇〇件以上も集められています。日食、月食、惑星の異常接近、彗星、流星などの記述がある中で、特に客星（不意に現れるお客さん星という意味）の出現記録についての記事は重要です。皇極天皇の時代（七世紀）から高倉上皇の時代（一二世紀）まで全部で八件ありますが、すべて晩年になってから陰陽師・安倍泰俊（一二〇ページの系図参照）から聞いた古い記録を書きとめたもので、定家自身が見たわけではありません。定家は寛喜二年（一二三〇年）十一月一日に現れた客星に注目し、過去の客星について安倍泰俊に調べさせたそうです。その結果上記八件が出てきたわけですが、当の客星の正体は彗星だったようです。八件のうち五、六、八番目が超新星で残りは彗星らしいと言われています。

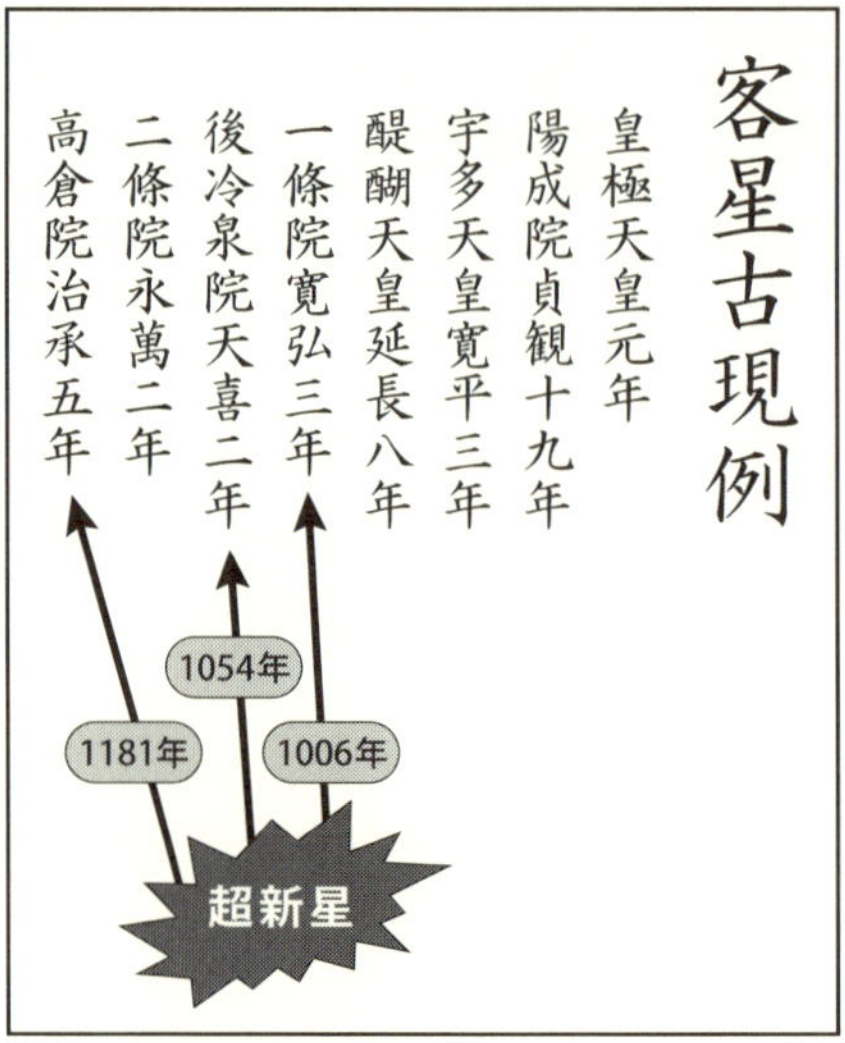

図３・14　『明月記』に載った客星

超新星とは「新しく生まれた星」ではなく「新たに見えた星」で、それまで全く見えなかったところに突如として星が輝き出し、一夜にして一〇等級以上も明るくなる、まさに天変です。実は星の最期の大爆発で、星の生涯のうち最も劇的なシーンです。望遠鏡のない時代の超新星の出現記録は世界中で七件しかありませんが、そのうち三つも記載があるのは世界に『明月記』だけ。わが国の陰陽師は非常に貴重な記録を残したのです。

一〇〇六年、史上最輝星出現

寛弘三年四月二日（一〇〇六年五月一日）の深夜、南の低い空に出現した大客星は、半月くらい明るく輝いたそうで、日月を除けば人類観測史上最も明るい天体です。鴨川の橋の上から眺めると図3・15のように、南の空低く、マイナス八等の大客星が、その左（東）上には火星からさそり座が見えたことでしょう。陰陽師・安倍吉昌（安倍晴明の息子）によって観測され『明月記』には「大客星」と記されています。この天変は他にも複数の公家の日記に記載されていますが、紫式部

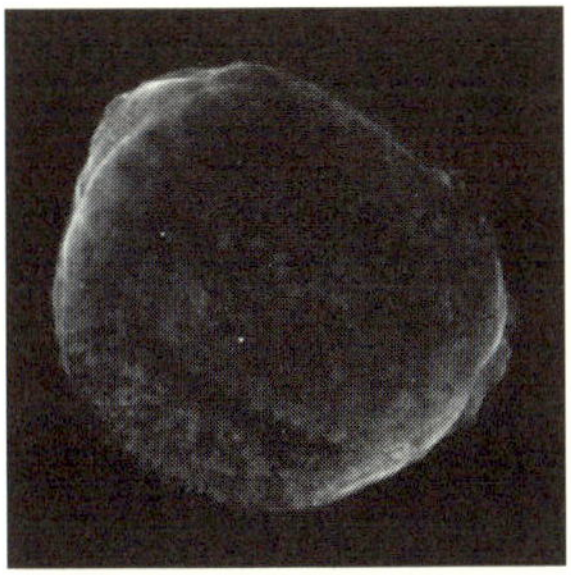

図3・16　1006年の超新星残骸（©NASA）

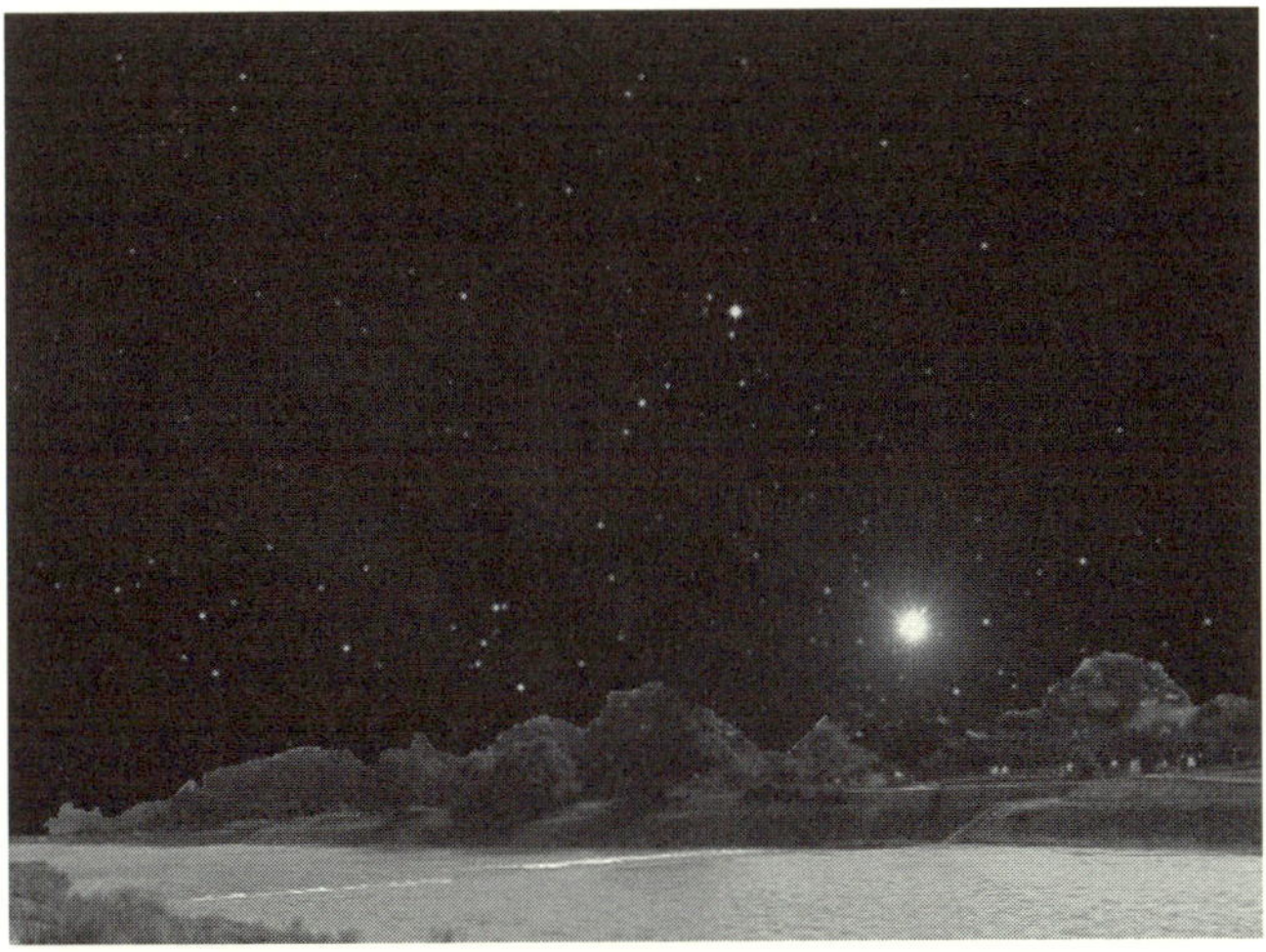

図3・15　1006年の超新星（ステラリウム使用）

やその他あまたの才女たちの文章にはないようです。清少納言は宮中を退出し、安倍晴明はその前年に亡くなっていますが、藤原道長周辺は華やかな文芸サロンが続いていたころです。

中国の記録によると、三～四か月も見えていたそうで、その他にエジプトやスイスにも簡単な記録があるそうです。今日、おおかみ座超新星残骸と呼ばれ、可視光では非常に淡いですが、電波やX線では高エネルギーで輝いています。二〇〇六年に出現一〇〇〇年を記念してX線天文衛星「すざく」が観測しています（図3・16）。

一〇五四年、かに星雲誕生

最も有名な客星は天喜二年（一〇五四年）の夏に現れたものです。原文を書き下すと、

後冷泉院、天喜二年四月中旬以後丑時客星觜参ノ度ニ出ズ、東方ニ見エ、客星天関ニ孛ス　大キサ歳星ノ如シ

客星出現の四月中旬丑時は、現行暦では五月末～六月初の午前二時ころに当ります。東の空、おうし座の角のあたりに木星（歳星）くらいに輝いた星が出たことになります。推

定等級はマイナス四等。一方中国（北宋）の『宋史天文志』には「仁宗　至和元年五月己丑」のことと記され、一〇五四年七月四日に当ります。わが国の記録のほうが一か月も早いのですが、四月（現行暦で五月）には、おうし座は太陽と同方向で、たとえ木星並みの星でも見えないはずで「四月」は「五月」の間違いだと言われています。また一〇五四年七月にはおうし座は明け方で木星は日没後、すなわち同時には見えません。したがって「大キサ歳星ノ如シ」というのは両星を見比べたのではありません。この朝、夜明け前の東山の上には新月前の細い月と明るい客星が見えていました。月の上にすばるが、下にはおうし座のアルデバランが、また左（北）にはカペラが見えます。客星は最輝期には昼間でも見え、出現後約二年間も見えていたそうです。

頃は王朝文化の爛熟期、関白藤原頼通をはじめ、暇をもてあましていた都の公家たちは慌てて加持祈祷に走ったのではないでしょうか。しかし中には高い塔に登ってその星を捕まえようとした好奇心旺盛な京童《きょうわらわ》もいたことでしょう。この客星はその後消えてしまって人々の間からは忘れられていました。この客星の

図 3・17　1054 年の超新星（ステラリウム使用）

ことは、日本、中国の他はアラブに簡単な記載が残っているだけでヨーロッパには全く記録がありません。記録が失われたのか、宗教的理由であえて無視されたのか、それとも当時まだ紙が伝わって来ていなかったので書き記す術がなかったせいか……。まさか、ず〜っと曇っていたということはないでしょう。

一八世紀になって望遠鏡観測により、そこに淡い星雲が見つかり、メシエ※（一七三〇〜一八一七）の星雲星団カタログの筆頭に登録され、見かけから「かに星雲」と名付けられました。二〇世紀になってから、写真観測よりこの星雲は膨張していることがわかり、逆算すると約九〇〇年前の爆発の名残らしいということになりました。そこでそれに該当する記録を世界中で探してみたところ、日本から見つかったのです。一九三四年にアマチュア天文家・射場保明は『明月記』にかに星雲を生じた超新星の記述があることを、欧米の天文学者に紹介しました。かに星雲はかつて日本と中国の天文官の見た客星の名残、すなわち超新星の残骸だったのです。『明月記』の記載がクローズアップされ、定家は世界中の天文研究者の間で有名になりました。

図3・18　すばる望遠鏡によるかに星雲（©NAOJ）

※メシエ
フランスの天文学者。彼の作ったカタログには一一〇個の星雲星団銀河が登録されている。

かに星雲は二〇世紀後半になって電波赤外線X線などで詳しく観測され、花形天体になりました。現在も毎秒一五〇〇キロメートルの超高速で膨張し、星間空間に自らを放出しています。その中心には超小型（一〇キロメートル弱）、超高密（10^{15} g/cc）超高速自転（毎秒三〇回転）という想像を絶するような中性子星（パルサー）が発見され、超新星の理論はゆるぎないものになりました。かに星雲の研究により電波放射、星の最期、重元素※の生成、中性子星などのメカニズムが解明されました。「世の中にかに星雲のなかりせば…」今日の高エネルギー天体物理学の発展はなかったでしょう。

※重元素
鉄より重い元素を指す。金、銀、鉛など。

一一八一年、合戦と飢饉の中で

三番目の超新星の出現は治承五年六月二十五日（一一八一年八月七日）ですが、中国（南宋）の記録ではその前日となっています。戌刻（二〇時ごろ）、東北天のカシオペヤ座を形づくる「W」の左端にある星（ε）のそばで、明るさについては不明ですが「土星のような色」だったそうで、前の二者に比べると小規模のようです。この前年に定家はすでに『明月記』を書き始めているので、後年、安倍泰俊から聞くまでもなく、一九歳の定家自身が見ていないでしょうか？『明月記』には治承四年九月十五日（一一八〇年一〇月五日）に明月蒼然の中で大流星を見たことが記されているそうで、大いに星空に関心があったはずです。翌五年のページには「紅旗征戎吾ガ事ニ非ズ」というあの有名な言葉は見当たりますが、天体現象についての記載はありません。この言葉は紅旗（朝廷の旗）を掲げて、朝敵の征伐など自分の知ったことではない、という定家の非政治的・芸術至上主義を宣言したものとして知られていますが、本当に一九歳の若者の言葉なのでしょうか？

客星出現の前年には東国武士たちが源頼朝を担いで挙兵し、この年の二月には高倉院が、三月に平清盛が亡くなり、「平氏にあらざる人」が次第に台頭してきます。清盛没五か月後、洛内から見ると比叡山上の天空に土星くらいの明るさの星が突如、出現してかつ消えていったのですから、陰陽師でなくても気づいた人はいたでしょう。そして都には「巨星落つ」と嘆息した公家が、また鎌倉には「天命下る」と頼朝をけしかけた知恵者がいた……と想像できなくはないですね。

この年には旱魃《かんばつ》による大飢饉が起こり、京都市中の死者が四万二三〇〇人も出たと『方丈記』に書かれています。作者の鴨長明（一一五五～一二一六）に限らず一般市民から見れば源平の争いよりも大飢饉の方がずっと深刻な事態だったでしょう。当時はこのような不安定な時期で、治承から養和、さらに寿永と短期間で改元されています。ちなみに『方丈記』

図3・19　1181年の超新星（ステラリウム使用）

にはこの四年後一一八五年に大地震が起こったことも記されていますが、平氏を壇ノ浦で滅ぼした義経が京へ凱旋したことも、この客星が出現したことも記載はありません。

現在この場所には3C58という名の、光ではほとんど見えない超新星残骸があり、電波やX線を発しています。残っている中性子星は八〇〇歳という年齢の割には冷え過ぎで、内部に詰まっているのは中性子ではなくクォーク※であり、この星はクォーク星だとも言われています。

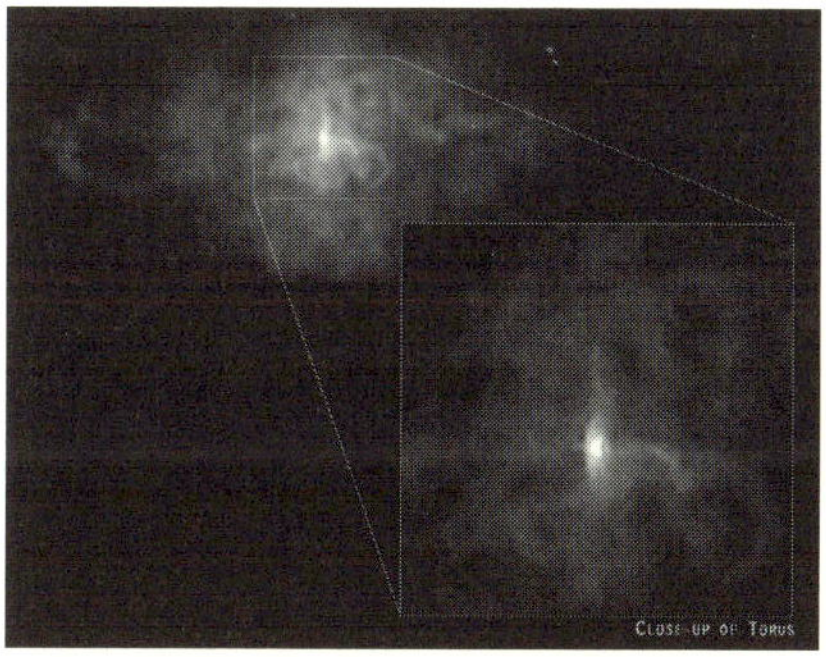

図3・20　1181年の超新星残骸3C58
（©NASA）

※クォーク
陽子・中性子など素粒子を構成する基本粒子で、六種類（反粒子を含めると一二種類）予言され、すべて発見されている。通常、単独のクォークは発見されないが、新星爆発の後に存在することもあると言われる。

一九九七年、京都で国際天文連合の総会が開かれ、天皇皇后ご臨席の開会式に出席する機会がありました。そのときの会長であり超新星研究の大家であるWoltier博士の挨拶の中に定家の超新星発見への業績が紹介されました。その後の懇親会で、誰か知らない外国人研究者から、"Is Teika an astronomer?" と聞かれ、とっさに"No, he is a poet." とだけ答えたことが記憶に残っています。

星を愛でていた定家はこんな歌も作っています。

そよくれぬ楢《なら》の木の葉に風おちて
星いづる空の薄雲のかげ

風のうへに星のひかりは冴えながら
わざともふらぬ霰《あられ》をぞ聞く

図３・21　藤原定家
（イラスト：西岡季美）

なお彼が選んだ百人一首には月を詠んだ歌が多いですが、星を詠んだ歌はありません。

『明月記』は爆発の瞬間の様子が記録されている非常に貴重な天文資料です。定家は歌詠みながら現代天文学に重要な貢献をしたわけです。

定家の父、俊成も有名な歌人であり、孫である冷泉為相《ためすけ》から始まる冷泉家は、歌道の宗匠《そうしょう》家の内の一つで冷泉流歌道を伝承しています。烏丸今出川東入ルにあり、周りは同志社大学となっています。

図３・22　冷泉家（イラスト：後藤正明）

三．超新星さまざま

最古の超新星記録

望遠鏡使用前に裸眼で観測された超新星の記録は表3・1の七回しかありません。三番目から五番目までが『明月記』に載っていて、最後の二個はティコ・ブラーエ、ケプラーによって詳しく観測されました。

最初の二つの記録は中国だけで、不確定と思われていましたが、最近確定しました。最古の記録は『後漢書天文志』に記載され、霊帝中平二年十月癸亥（一八五年一二月七日）に出現したそうです。この超新星残骸はRCW86と呼ばれる淡い星雲で、南十字星の近くにあり、現在黄河のほとりからでは地平線下ですが、地球の歳差※運動のため一八〇〇年前には、長安で南中時の高度は約二度となったはずです。南中前後の短時間しか見えませんが、その

表3・1　望遠鏡以前の超新星出現の記録

年	出現星座	最大等級	型	距離（光年）	備考
185	ケンタウルス	−8？	Ⅰ	8200	RCW 86
393	さそり	−1？		3000	G347.3-0.5
1006	おおかみ	−8	Ⅰ	7000	史上最輝星
1054	おうし	−4	Ⅱ	6500	かに星雲（M1）
1181	カシオペア	0	Ⅱ	10000	クォーク星？
1572	カシオペア	−4	Ⅰ	13000	ティコ超新星
1604	へびつかい	−2.5	Ⅰ	13000	ケプラー超新星

※歳差
二八ページ注釈参照。

日の南中時刻は朝の八時ごろです。当然太陽は昇っていて、その中で見えたのだから非常に明るかったはずで、一〇〇六年の超新星に匹敵する明るい天体ということになります。この客星は一年半も見えていたそうです。翌年の春になれば深夜、地平線あたりでギラギラ輝いていたのが眺められたでしょう。三〇ページの図1・8は超新星出現から二か月後の深夜の南天です。超新星の北にはケンタウルス座α星、その西にはβ星、さらに南十字星が見えます。また東にはさそり座、その上に見えるのは火星です。

この星を見たのは誰でしょうか？　時は三国志物語の幕開けのころです。黄巾の乱（一八四年）は収まりましたが、若き曹操（一五五～二二〇）、劉備（一六一～二二三）をはじめ、各地で群雄が自立し活動を始めています。諸葛孔明（一八一～二三四）や孫権（一八二～二五二）はまだ幼子ですが、南方にいたようなので目に留まる機会はあったでしょう。ヨーロッパでは緯度が高過ぎで見えません。ナイル河口のアレキサンドリアではプトレマイオス（八三？～一六八？）の後継者たちが眺めていたと思われますが、記録はありません。わが国では若き日のヒミコの時代ですが、それについては三〇ページをご覧ください。図3・23は衛星からの観測によるX線赤外線画像です。

カシオペヤ座にある最強の電波源であるカシオペヤAは、現在秒速七五〇〇キロメートルという猛スピードで膨張しており、これから逆算すると一六八〇年ごろに爆発したことになります。ところが世界中どこにも見えたという記録がありません。当時すでにグリニッジ天文台は活動を始めていましたが、発見記録はありません。この幻の超新星は、実は暗※黒星雲の向こう側で爆発したため、強い吸収を受けてその光は著しく弱められたものと考えられています。このように爆発の記録はないがフィラメント状の形態、電波やX線の放射等から超新星爆発の残骸とされているものは少なくありません。

表３・２　185 年の超新星の最大高度

地名	北緯	高度(2000年)	高度(185年)
飛鳥・長安	34.5°	−7°	2°
建業(南京)	32°	−5°	4°
ローマ	42°	−15°	−6°
アレキサンドリア	31°	−4°	5°

図３・23　185 年の超新星残骸 RCW 86（©JPL/NASA）

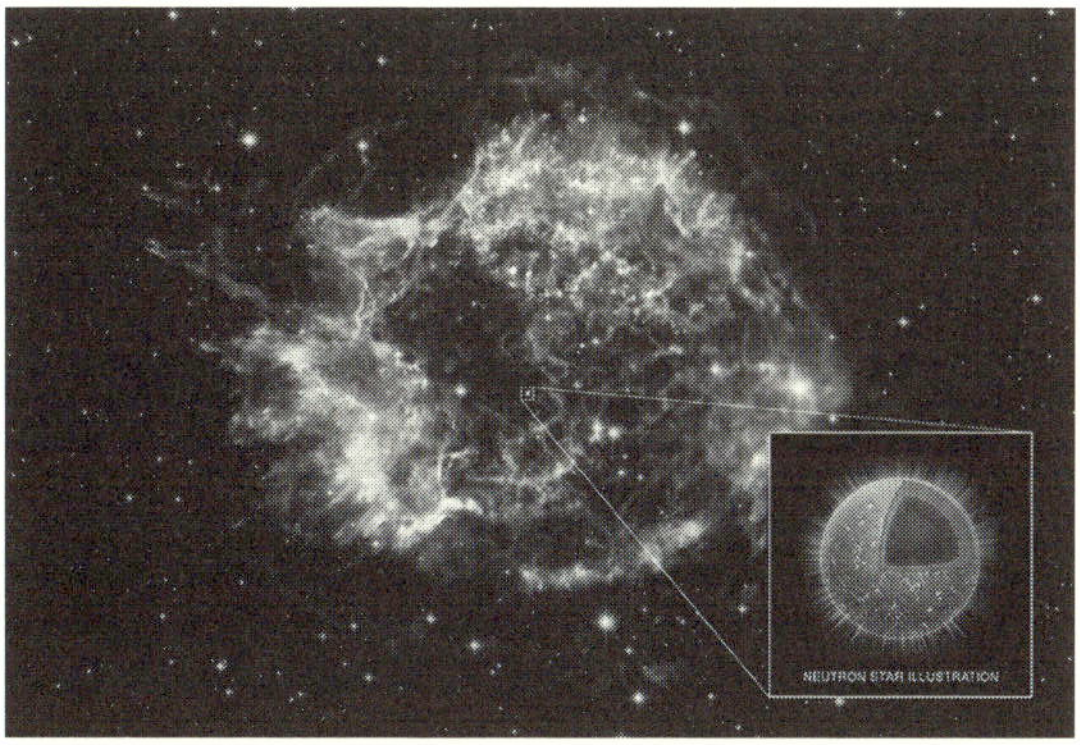

図３・24　カシオペヤ A（©NASA）

※暗黒星雲
宇宙空間に広がっている低温のガスやチリで、雲が太陽の光を隠すように、星の光をさえぎっている。

G1.9+0.3と言う名の超新星残骸は爆発からわずか一四〇年で、わが銀河系に中で最も若い超新星です。この天体は銀河中心方向にあり、ガスやチリによる吸収が非常に大きいため、当時は当然観測されませんでした。そのようにチリに埋もれて見えなかった超新星はまだまだあるかもしれません。はくちょう座の網状星雲は大きな「?」の形をした天使のベールにもなぞらえる淡い美しい星雲で、今なお電波やX線を発しながら膨張しています。爆発は二～三万年前と推定され、当時の旧石器人は半月ほどの明るさで輝いた超新星を見たでしょう。そのような太古の超新星残骸には他に、ほ座のガム星雲、ふたご座のジェミンガなどたくさん見つかっています。それらの観測にはNASAのX線観測衛星チャンドラが大活躍しています。

超新星の正体

超新星は宇宙全体からみれば決して珍しい現象ではなく、あちこちの銀河の中に一年に百個以上も発見されています。特に日本のアマチュア観測家がハイレベルであることは世界的に評価されています。この小文の執筆時にも渦状銀河M101に出現しました。出現時には一夜にして一〇等級（一万倍）以上も明るくなり、電波・赤外線・可視光線・紫外線・X線・ガンマ線さらにニュートリノとあらゆる形態のエネルギーを放出します。超新星はスペクトルに水素の線が見えないⅠ型と見えるⅡ型に大別されます。

Ⅰ型超新星、その代表であるⅠａ型超新星は文字通り「超」新星現象で、赤色巨星と白色矮星からなる近接連星系で起こります。白色矮星とは太陽など普通の星の終末の姿で、おとなしく死んでいくはずなのですが、近接連星をなしている場合には、相手の赤色巨星よりガスを引き込み、それを表面に蓄積させていきます。そして白色矮星の許容質量（太陽の一・四四倍）を越えると内部からの核反応暴走を促すのです。白色矮星の内部はコチコチに固まった炭素と酸素でできているので、これはいわば炭素爆弾の大爆発です。このとき、太陽の数十億年分のエネルギーが一挙に放出され、白色矮星は跡形もなく粉々に砕かれます。Ｉａ型超新星は爆発規模すなわち光度が皆同じなので、見かけの明るさの違いが距離の違いとなります。そのため遠い銀河までの距離の測定に使われています。二〇一一年のノーベル物理学賞のテーマである宇宙の加速膨張はこの方法で発見されました。

Ⅱ型超新星は重量級星の壮絶な最期です。太陽より八倍以上重い星は太陽に比べ数百倍ものスピードで老化していきますが、その末期になるとサイズは地球の軌道を飲み込んでしまうほど膨れ上がります。逆に中心部は超高密の鉄の芯ができますが、もはや原子核反応を起こしてエネルギーを作ることができず、自らの重力で急速に潰れ、中性子星あるいはブラックホールが形成されることもあります。そのとき発生した物凄い衝撃波が外に向かって伝搬していき、星の外層は星間空間へ吹き飛ばされます。しかしこれで星が死んだので

※白色矮星
星は誕生時の質量で寿命や最期の姿が決まっている。星は晩年膨張してガスを星間空間に放出するが、太陽も含め大多数の星はこの過程は静かに起こり、最後には白色矮星と言われる地球よりやや大きいが高密度の星が残る。表面に水素の皮があり、内部は炭素酸素が詰まっている。シリウスの伴星は最も近い白色矮星である。

※近接連星
ペアをなす二つの星が、星の半径の数倍程度しか離れていないような連星のこと。太陽近傍にもいくつか見つかっている。

はなく、残った中性子星あるいはブラックホールはまだ周囲にエネルギーをばら撒いたり、またそばに来た星を飲み込むことさえあります。二〇世紀末に見つかった、通常の超新星より数十倍も大きなエネルギーを発する超新星は極超新星と言われています。

瞬間的に大規模核反応が起こる結果、金・銀・銅・鉛などを含む重金属が一挙に合成され星間空間にばらまかれます。噴出したガスは超新星残骸となって超音速で星間空間に広がっていき、一〇万年も経つと雲散霧消してしまいますが、やがていつの日か次世代の星を作る原料になるのです。私たちの体内や身のまわりの品々に使われているたくさんの金属は、このような超新星爆発を経たガスからできたもので、この地に生きとし生けるものすべからく超新星の子と言えるのです。

夜空に輝く星々の中に明日にでも超新星爆発を起こして昼間でも輝く星があるでしょうか？　もし近距離の星が超新星爆発を起こしたら、夜の暗さはなくなるほどでしょう。しかし太陽、シリウス、ベガなどは普通の星は超新星爆発は起こしません。超新星候補星としてよく例に挙げられるのはりゅうこつ座η星です。一七世紀から変光が記録され、一八四三年にはマイナス一等星、シリウスに次ぐ明るさでした。現在は六等星ですが、いつ光度が変化するかわからないと言われています。質量は太陽の一〇〇倍以上、発光エネルギーは数十万倍、わが銀河系で最大級の星です。南半球の天の川の中にあり、わが国からは地平線下、超新星爆発を起こしても見えません。

オリオン座の左上の赤い星ベテルギウスは重量級で、太陽の数百倍にまで肥大化しています。すなわち、サイズは火星軌道くらいまで広がっています。最近変光やガス放出が観測され、近いうちに大爆発の噂が飛び交っています。ベテルギウスの距離は六〇〇光年、かに星雲の距離の約一〇分の一ですから、爆発の規模が同程度とすると一〇〇倍明るく見えます。最輝時には満月くらいに、いやもっと眩しく輝くでしょうが、二～三年後には消えてしまってオリオン座はさびしくなることでしょう。そしてやがて超高速で膨張する「ベテルギウス超新星残骸」が見えてくるでしょう。

図３・25　ベテルギウスの超新星爆発のイメージ
（© ダイニックアストロパーク天究館）

一九八七年二月二三日、大マゼラン星雲で発生した超新星爆発（SN 1987A）に伴うニュートリノ※を世界で初めて検出したのは、岐阜県山中にあるカミオカンデでした。この功績は小柴昌俊氏の二〇〇二年ノーベル物理学賞受賞につながりました。

ベテルギウスの重大な天変に遭遇すれば、世界中の研究者はこぞって出現のメカニズム、地球への影響（特にγ線の生物への影響）を調査することでしょう。ちょうど一〇〇〇年前の陰陽師が客星出現の意義をさぐり吉凶を占ったように。

※ニュートリノ
素粒子の一つで電気的には中性で、質量は非常に小さく測られていない。貫通力が強く、地球は通り抜けていくので観測は非常に困難である。

Column 3 曜日

一〇五ページに書いたように、七曜はヨーロッパから伝わったのではなく、空海（七七四〜八三五）が九世紀の初めに唐から持ち帰ったもので、『宿曜経』という占星書に載っています。藤原時代には密教行事だけでなく広く貴族間で使われていたようです。

鎌倉時代の史料として、承元四年（一二一〇年）および正和四年（一三一五年）の「具注暦」を京都大学宇宙物理学教室図書室で見ることが出来ました。また南北朝時代の康永四年（一三四五年）の「仮名暦」は栃木県荘厳寺に保存されています。江戸時代には、わが国初の暦を作った渋川春海《しぶかわはるみ》（一六三九〜一七一五）の署名のある貞享五年（一六八八年）の具注暦、また大和国だけで使われていた文化十年（一八一三年）の「南都暦」などがあり、これらに記載されている曜日はすべて現在の曜日に連続しています。

英語・ドイツ語など北欧系言語では、日曜・月曜・土曜は天体名、火曜から金曜までは北欧神話の神々の名がつけられています。一方、フランス・スペイン・イタリア

中国語	古代ギリシア
星期日	Helios
星期一	Selenes
星期二	Areos
星期三	Hermeos
星期四	Dios
星期五	Aphrodites
星期六	Kronos

日本語	フランス語		英語	
日	dimanche	主の日	Sunday	太陽の日
月	lundi	月の日	Monday	月の日
火	mardi	火星の日	Tuesday	ティルの日
水	mercredi	水星の日	Wednesday	オーディンの日
木	jeudi	木星の日	Thursday	トールの日
金	vendredi	金星の日	Friday	フレイアの日
土	samedi	安息日	Saturday	土星の日

語などラテン系では日曜（主の日）と土曜（安息日）はキリスト教にちなむ名前で、他は天体名です。中国やイスラム系諸国では一般に1、2、3…と番号が付けられ、スラブ系ではいろいろな要素が混入されています。すべてに天体名を使っているのはインド・タイ・日本・韓国など東アジア諸国ですが、古代ギリシアがそうであることは興味深いですね。Helios から Kronos までの言葉は太陽、月、火星、水星、木星、金星、土星の神であり、また天体を表します。

曜日がどこで初めて使われたか定説はないようですが、ヘレニズム時代に当時世界最大の都市アレキサンドリアで天体名が使われ始め、そこから各地に広まったと言われています。西方（ヨーロッパ）ではキリスト教その他さまざまな宗教に影響され、何回か名前が変わりましたが、東方には原型のまま伝わり、東アジアでは今も日・月・五惑星の名前がそのまま残っています。中国はかつて日本や朝鮮と同じ天体名を使っていましたが（ただしあまり普及しませんでした）二〇世紀になってから番号に変えたそうです。曜日の起こりは聖書の創世記の記述「神は六日でこの世を創造し七日目は休んだ」ことによると言われるのは後世の挿話のようです。

さて曜日の順序はどのように決められたのでしょうか？　七天体の明るい順でも近い順でもなさそうです。これについては二〇〇年ごろ、ローマの元老院議員・執政官を勤めたカシウスが著した『ローマ史』に次のような興味ある記述があるそうです。

・土木火日金水月土木火
・日金水月土木火日金水
・月土木火日金水月土木
・火日金水月土木火日金
・水月土木火日金水月土
・木火日金水月土木火日
・金水月土木火日金水月
・土木火日金水月土木火

当時すでに太陽・月・五惑星の遠近の順序は回帰周期から知られていました。その周期は月では約二七日、土星では約三〇年です。遠い天体ほどゆっくり運動するので周期は長いというわけです。そこで遠い順に「土木火日金水月」と左から書き並べて、24で改行するということを何回か繰り返して、上から読んでみると、「日月火水木金土」の順になるというわけです。実は24でなくても7で割って3余る数なら何でもよく、最も簡単な数は10ですから実際に試してみてください。

第四章　突然の来訪星——今日なお天変

皆既日食・惑星直列などはもはや恐怖でも驚異でもなく、だれもが机上のＰＣで再現できるようになりました。その一方で彗星の到来は今でもなかなか予報が難しく、また「天から降ってくる小惑星」は今なお予測できない天変です。近いうちに杞憂が杞憂でなくなる日がやって来るかもしれません。

一・小惑星の落下・ニアミス

空から星が降ってくる！

この原稿執筆中の事件です。二〇一三年二月一五日九時二〇分（現地時間）ロシアの南部ウラル地方に大隕石が落下し、一〇〇〇人以上の負傷者がでたというニュースが報じられました。ＮＡＳＡによると直径一七メートル、質量約一万トンの岩石性の小惑星が大気圏に突入し、閃光爆音とともに数個いくつかの破片に分裂し、一部は地上に落下したそうです。このとき生じた衝撃波のエネルギーは広島原爆の数十倍、広範囲で建物が破壊されたそうです。マスコミニュースだけでなく一般市民の撮影した動画も多数 YouTube に流れています。落下破片が回収され成分分析が進めば、隕石についての貴重な情報が得られるはずです。と同時に人口密集地域、危険物貯蔵地域への落下に対する対策も考えていかねばならないでしょう。

実はこれと似た事件が二〇〇八年一〇月七日午前四時四五分（現地時間）にスーダンで起こっています。前日発見された 2008 TC3 という仮符号の小惑星

図４・１　2013年２月15日、ロシアへ大隕石が落下
（写真提供：ロイター＝共同）

が大気圏に突入しました。幸いにも大気に突入した後で燃え尽きてしまい、痕跡として図4・2のような雲が現れただけで地球は無事でした。目撃者もいなかったようで、一般には報じられていませんでした。事前に天体が発見され、落下が予報されたのはこのときが初めてでした。

有名なのは一〇〇年前※にシベリアで起こった事件です。一九〇八年六月三〇日、ツングースカの森林に空からの大爆音とともに直径五〇キロメートルにも及んで多数の樹木がなぎ倒されました。事件の原因は、サイズが四〇〜五〇メートルの天体の落下と考えられていますが、そこにはクレーターは見つかっておらず、隕石の小片は二〇一三年になって発見されました。その小天体は、秒速約一〇キロメートルの速度で大気圏に突入し、そのとき生じる摩擦により一万度以上に加熱され、上空で火の玉となってほぼ消滅したようです。事件当時、閃光地震が観測され、そのエネルギーは広島原爆の一〇〇〇倍にも相当すると言われていますが、幸い落下地は人が住んでいないタイガ地帯でした。歴史に「もしも」は禁物ですが、もう

図4・2　小惑星 2008 TC3 の落下跡
(©Mohamed Elhassan Abdelatif Mahir (Noub NGO), Dr. Muawia H. Shaddad (Univ. Khartoum), Dr. Peter Jenniskens (SETI Institute/NASA Ames))

※一〇〇年前の事件
当時、ロシアは調査隊を出すことができず、図4・3の写真は二〇年後にやっと撮られた。

数時間遅れたらその分だけ西に移動したバルト海・北海あたりに落下して、二〇世紀の歴史は全く違った方向に進んでいたことでしょう。ロシア帝国、ドイツ帝国、大英帝国をはじめ北ヨーロッパ諸国はともに高さ何十メートルにもおよぶ大津波に襲われて荒廃し、第一次世界大戦勃発もソ連という国家の存在もなかったかもしれません。

古来、空から星が降ってきたという伝承は、聖書をはじめ世界の各所にあり、隕石の落下自体は決して珍しいことではありません。わが国でも二〇〇三年に広島市に、一九九六年につくば市に、一九九二年に松江市美保関町に落下しています。また八六一年に福岡県直方市に落下した直方隕石は世界最古の隕石として知られています。

図４・３　1908年6月30日のツングースカ事件
多数の樹木がなぎ倒されていた

今から六五〇〇万年前に、一億年以上もの間、地球上をわがもの顔で闊歩していた恐竜を滅ぼし、中生代の幕を閉じたのは、たかだか一〇キロメートルサイズの小惑星がメキシコのユカタン半島※へ落下したためといわれています。このときだけでなく、古生代末をはじめ地球は何回も小惑星や彗星の襲来を受けて、寒冷化し、その度に生命は絶滅寸前までの危機に陥ったらしいのです。このような襲来がなければ生物の進化はもっと緩やかだっ

※ユカタン半島
隕石孔はチクシュルーブクレーター、直径約一六〇キロメートル。

ただろうとも言われています。

月や火星の表面は小天体落下の痕跡であるクレーターだらけですが、地球に傷跡がないのは地球の特殊事情によるためで、落下は当然あったはずです。高い山を削り、深い谷を埋めて、クレーター地形を壊してしまったのは雨風であり、人間です。近年、人工衛星からの画像を解析した結果、アフリカ、オーストラリアなどに直径一〇〇キロメートルを超す大クレーターが見つかっています。またわが国にも数万年前の隕石落下跡である直径九〇〇メートルのクレーターが南アルプスで見つかり、御池山※クレーターと名付けられました。

※御池山 長野県飯田市。

ニアミス小惑星

二〇一一年二月四日の金曜日にあなたは何をしていたか覚えていますか？　日本標準時でこの日の一四時ごろ、空から招かざる客がやってきて、きわどいニアミスが起こったのです（図4・4）。その距離は地球の中心からわずかに一万一八五〇キロメートル（地表五四八〇キロメートル上空、地球半径よりも小さい！）という低空飛行だったのです。この小惑星2011 CQ1は無事に地球を掠《かす》めて通り過ぎていきましたが、軌道は大きく曲がりました（図4・5）。

図4·4　ニアミス想像図（イラスト：中西久崇）

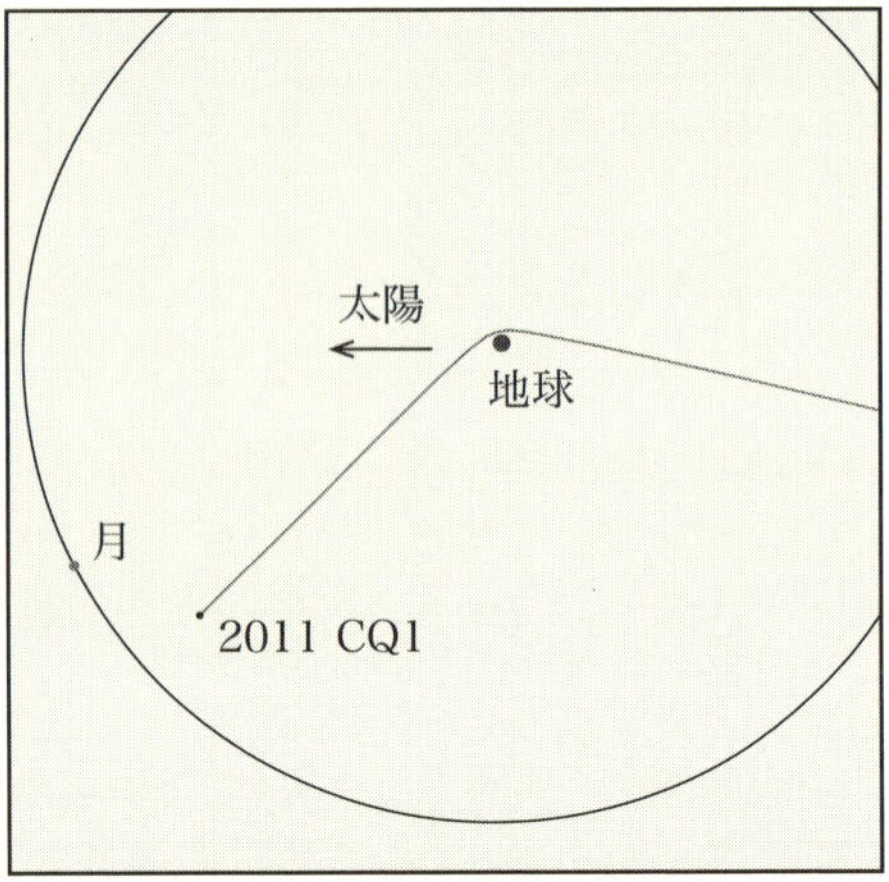

図４・５　2011 年２月４日、小惑星 2011 CQ1 のニアミス（円は月の公転軌道）

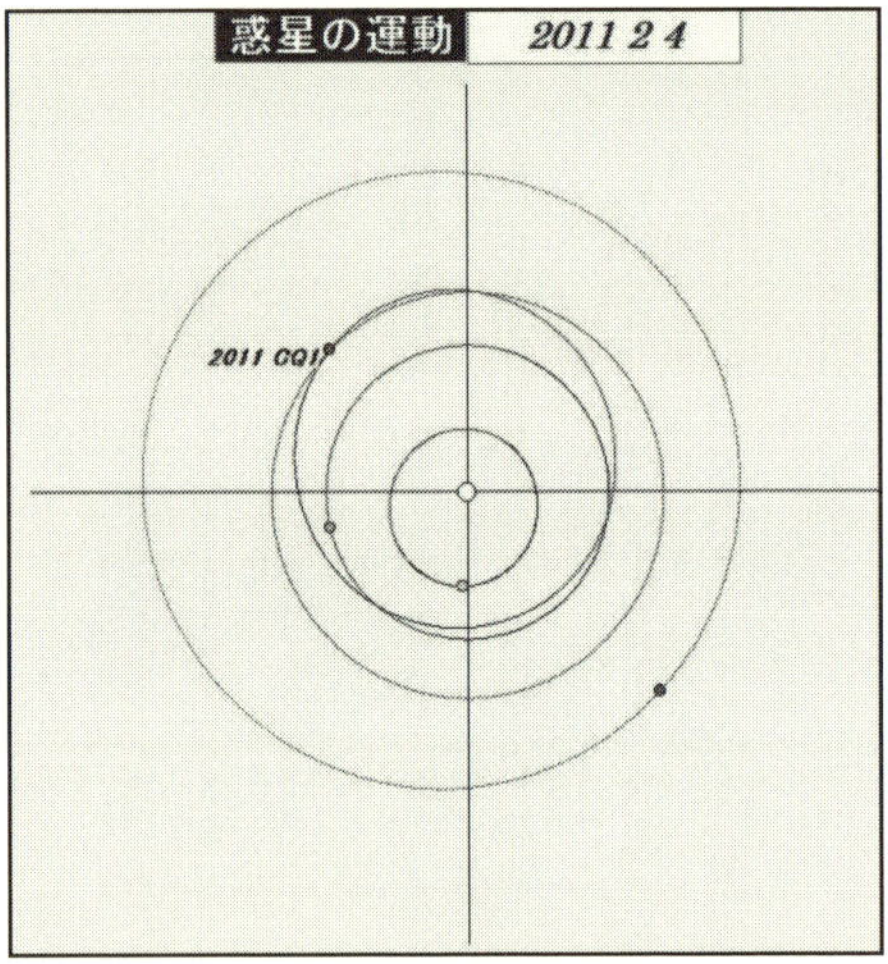

図４・６　小惑星 2011 CQ1 の軌道
地球軌道と交差している

もともとの軌道は図４・６のように地球とも金星とも交差しています。今になって思うとゾッとするような事件ですね。観測史上最も地球に近づいた天体ですが、実はその四か月後の六月二七日にも小惑星 2011 MD が地球の半径の三倍のところを通り過ぎたのです。二〇〇八年一〇月九日、二〇〇四年三月三一日にもほぼ同規模のニアミスが起こっています。彼らは完全に地球の敷地内への侵入して来ているのです。しかも毎年二回も三回も。

これらはいずれも数メートルクラスの小天体ですが、二〇〇二年六月一四日にやってきた小惑星2002 MNは大型（～一〇〇メートル）でした。この日はワールドカップの真っ最中で日本はチュニジアとの試合で興奮の渦にいるころでした。世界中の目はTVの中のサッカーボールに集中し、この小天体は誰にも知られず、一二万キロメートル上空を通り去って行ったのです。地球の付近までやって来る小惑星は地球近傍小惑星（Near Earth Object略してNEO）と言われ、約一万個見つかっています。その中には地球とニアミスを起こすものも少なくありません。一九三七年一〇月三〇日に小惑星ヘルメスが地球から七五万キロメートルの距離まで接近しましたが、その後半世紀間はニアミス記録はありませんでした。一九八九年三月に七〇万キロメートルまでの近づいた小惑星アスクレピウスが発見されて注目を浴び、一九九〇年代になってから本格的に探索され、観測精度が高くなったことで二〇世紀末から激増しています。ニアミス記録は毎年更新され、近い将来の小惑星接近については何度も報じられています。

「二〇一三年二月一六日午前四時半ごろ

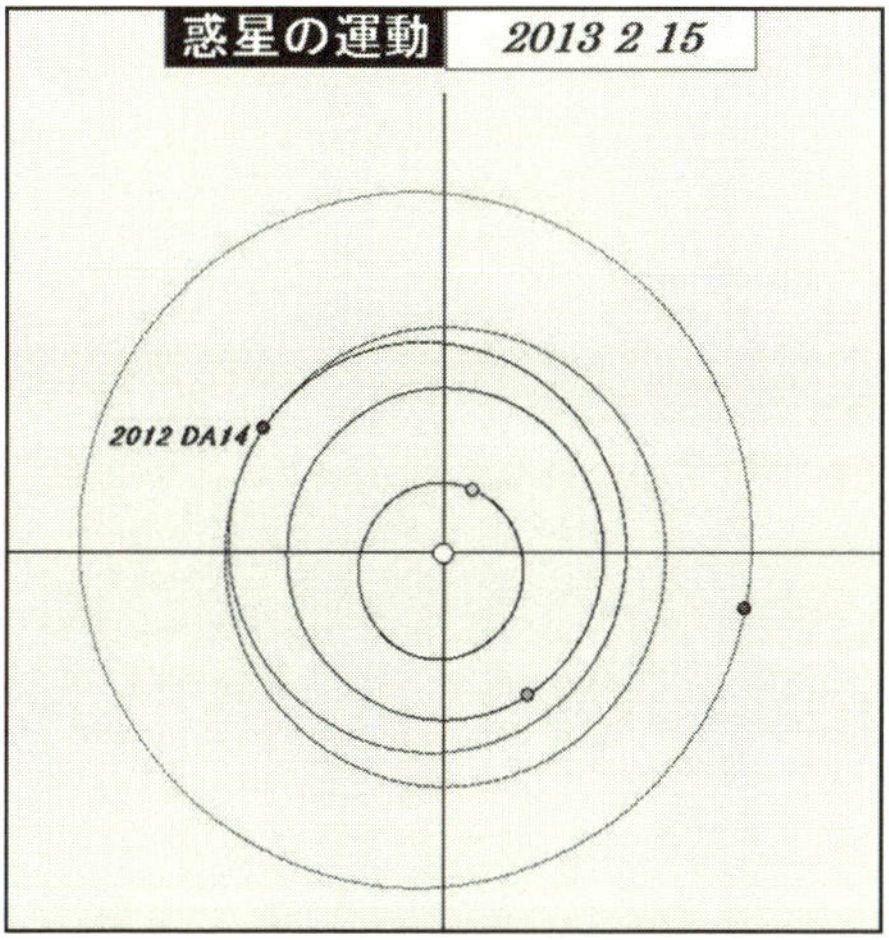

図4・7　小惑星2012 DA14の軌道

（日本時間）、数十メートルほどの大きさの小惑星が地表から二万七七〇〇キロメートル（地球約二個分）の距離をかすめる」との報道がありました。この小惑星 2012 DA14 は二年前の 2011 CQ1 よりは大きいですが、最接近時の距離は離れていて地球への影響はなく、無事通過しました。実は三六八日の周期で地球軌道の近くを公転しているので（図4・7）、これまで何度も近づいたことがあるのです。今回のニアミスで軌道は変えられ周期は短くなるでしょう。近い将来「二〇一九年二月に」「二一八二年に」「二八八〇年三月に」地球へ落下する小惑星がある！　もちろん確実な情報ではありません。

将来ＮＥＯの墜落は起こるのでしょうか？　そのとき現在の生物の大半は滅びてしまうのでしょうか？　「この世の終わり」を引き起こす原因としては惑星直列や太陽の異常活動などよりよほど可能性は高いでしょう。Ｘデーは何千万年も先かもしれないし、明日かもしれません。

地球に一〇万キロメートルまで近づいた小惑星を表４・１に載せましたが、ニアミスはほとんど毎年起こっています。二〇一三年二月一六日の事件よりもっと近距離のニアミスは八件もあります。詳しいデータを集め、正確な軌道計算を行い、正しい予報を行うためには世界中の観測協力体制が欠かせません。ＮＥＯ探索に最も活躍しているのはアメリカのニューメキシコ州にあるリンカーン研究所の望遠鏡で、わが国でも岡山県に※美星スペースガードセンターが設置されています。この緑と水の豊かな地球を守るために、まずは二四時間全天パトロールの完全実施が期待されます。

※美星スペースガードセンター
日本スペースガードセンターが運営するＮＥＯ探索施設。岡山県井原市美星に設置されている。

※絶対等級（表４・１）
太陽からも地球からも１ａｕ（一天文単位。およそ一億五〇〇〇万キロメートル）の距離、すなわち太陽と地球の平均距離にあると仮定したときの等級で、小惑星のサイズの目安になる。

表４・１　地球に１０万 km まで近づいた小惑星（2013 年２月末現在）
距離は地球の中心からで地表からの場合は 6450 を引く

小惑星記号	最接近距離（km）	日付（世界時）	※絶対等級
2008　TC3	6,450	2008年10月　7.11日	30.4
2011　CQ1	11,850	2011年　2月　4.82日	32.1
2004　FU162	12,900	2004年　3月31.65日	28.7
2008　TS26	13,500	2008年10月　9.14日	33.2
2011　MD	18,750	2011年　6月27.71日	28.0
2009　VA	20,400	2009年11月　6.92日	28.6
2008　US	30,900	2008年10月20.97日	31.8
2004　YD5	33,900	2004年12月19.86日	29.3
2012　DA14	34,200	2013年　2月15.81日	24.1
2010　WA	39,000	2010年11月17.16日	30.0
2008　VM	46,050	2008年11月　3.94日	30.2
2004　FH	49,200	2004年　3月18.92日	25.7
2010　XB	53,250	2010年11月30.75日	29.4
2010　TD54	54,000	2010年10月12.45日	28.7
2007　UN12	69,900	2007年10月17.64日	28.6
2008　UM1	70,800	2008年10月22.17日	32.1
2009　DD45	72,450	2009年　3月　2.57日	25.4
2007　RS1	73,800	2007年　9月　5.05日	30.6
2008　EF32	79,200	2008年　3月10.32日	29.4
2010　RF12	79,650	2010年　9月　8.88日	28.1
2005　WN3	84,000	2005年11月26.02日	29.9
2003　SQ222	84,600	2003年　9月27.96日	30.1
2009　FH	85,200	2009年　3月18.51日	26.6
2009　EJ1	95,400	2009年　2月27.32日	28.4
2011　GP28	95,550	2011年　4月　6.28日	29.4
2007　XB23	99,750	2007年12月13.17日	27.1

小惑星さまざま

太陽系には水星から海王星までの八惑星の他に小惑星・彗星など無数の小天体がありま す。小惑星の数は軌道が確定しているものだけでも約三五万個（二〇一三年一月末現在）あ り、それらはすべて反時計回りに、ケプラーの法則に基づいてそれぞれの楕円軌道上を公転しています。図4・8には木星までの軌道が描かれていますが、火星と木星の間に小惑星がびっしり詰まっているように見えます。彼らはぶつからないものでしょうか？　発見されたのが一九世紀になってからですから、古代人の天変の対象にはなりませんでしたが、その代わり現在のわれわれの恐怖の対象になっています。これらは数年の周期で太陽の周りをほぼ円軌道を描いています。

最初の小惑星発見は海王星発見より古く一八〇一年元日で、それにはケレスと名付けられました。その後、相次

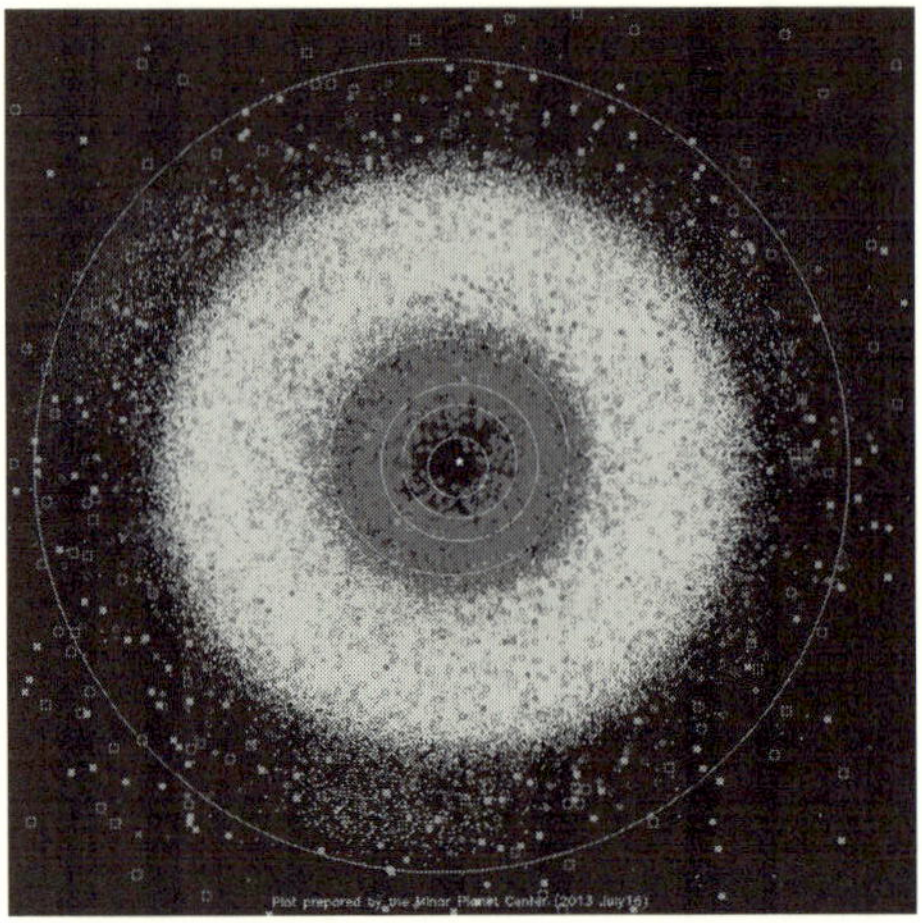

図4・8　メインベルト小惑星（IAU小惑星センター）
水星から木星までの軌道が描かれている
（©Gareth Williams／Minor Planet Center）

いでパラス、ベスタ、ジュノーが発見されましたが、二〇世紀末までは一万個未満でした。ところが今世紀になってから発見数は急増し、今も増え続けています。小惑星の形や大きさを実測した観測は非常に少なく、通常は表面の反射能※を仮定して明るさから表面積、そしてサイズを推定します。一方、光度変化が観測されていれば自転周期の値が得られます（数時間のものが多い）。また図4・8の左と右上に木星軌道上を回っているものが見られますが、これらは太陽・木星とほぼ正三角形を保ちながら、木星と同じ周期で公転しています。これらはトロージャン型小惑星と言われ、木星の前を進むものはギリシア群、後からついてくるものはトロヤ群と呼ばれています。発見されたのは二〇世紀になってからですが、すでにオイラー※（一七〇七～一七八三）やラグランジュ※（一七三六～一八一三）が三体問題※の安定な解として予測していました。

海王星の彼方にあるのはTNO（太陽系外縁天体）とかKBO（カイパーベルト天体）と呼ばれ、一九九二年以降続々と発見され、現在約一五〇〇個登録されています。この中には直径一〇〇〇キロメートルを越す大型のものがいくつかあり（遠いため小サイズのものは見つかりにくい）、冥王星もそのひとつです。これらの中には非常に扁平な軌道を描き、たまたま近日点近くを通ったときに発見されたというものがあります。二一世紀になってからこのような大型KBOは多数見つかりました。異常に小さい惑星と言われてきた冥王星が惑星から外れるきっかけは、サイズ、質量ともに冥王星と同格であるエリスの発見でした。

※反射能
惑星などに入射した光に対する反射される光の比。

※オイラー
ロシア・プロシアで活躍した数学者・物理学者。晩年は失明の中で研究をつづけた。

※ラグランジュ
フランスの数学者・物理学者。フランス革命・ナポレオン時代にはメートル法の制定などの仕事も務めている。

※三体問題
万有引力で作用しあう物体の運動が厳密に解けるのは二体の場合だけである。ある条件で三体運動の安定な解を求める試みは、今も多くの数学者・天文学者によって研究されている。

冥王星は惑星に、エリスは小惑星に分類することはできなくなったためです。同程度のKBOはまだまだ増えていくでしょう。それらの値もまだ確定していません（表4・2）

小惑星の固有名命名は、発見者が国際天文連合の小惑星センターに申請することによって行われます。初めのうちは惑星と同じくギリシア・ローマの神々の名前が付けられていました。小惑星第一号のケレスから数十番までは、ほとんどギリシア・ローマの女神です。しかしあまりにも多くの小惑星が発見されるにいたって世界中の神々でも足りなくなり、物語の登場人物や科学者・芸術家など歴史上著名人の名前が付けられましたが、それもそろそろネタ切れです。そこで今日では生存者名も含め比較的自由に名前を付けることができるようになっています。固有名がつけられた小惑星は全体の一〇パーセントもありませんが、発見者に関係ある地名に関するものが多いようです。

・16文字以内の発音可能な言葉であること
・すでにつけられている名前とまぎらわしくないこと

が基本条件で、次のようなものは原則として認められません。

・ペット、政治家、軍人、宗教家、企業の名前
・公序良俗に反する名前

また、意外と知られていないことですが、発見者が自分の名前をつけることもできません。天文研究者・天文教育者・天文愛好家（まとめて天文家）の名前のついた小惑星もたくさ

んありますが、自分で自分の名をつけるなんて厚かましい人は天文家にはいないでしょう。ちなみに、筆者の住む京都にちなむ小惑星には地名の他に歴史上の人物が多く、Kyoto（京都）、Kwasan（花山）、Kamogawa（鴨川）、Hieizan（比叡山）、Suzaku（朱雀）、Seimei（晴明）、Teika（定家）、Kiyomori（清盛）、Niinoama（二位の尼）、Kogo（小督）、Yoritomo（頼朝）、Yoshitsune（義経）などがあります。

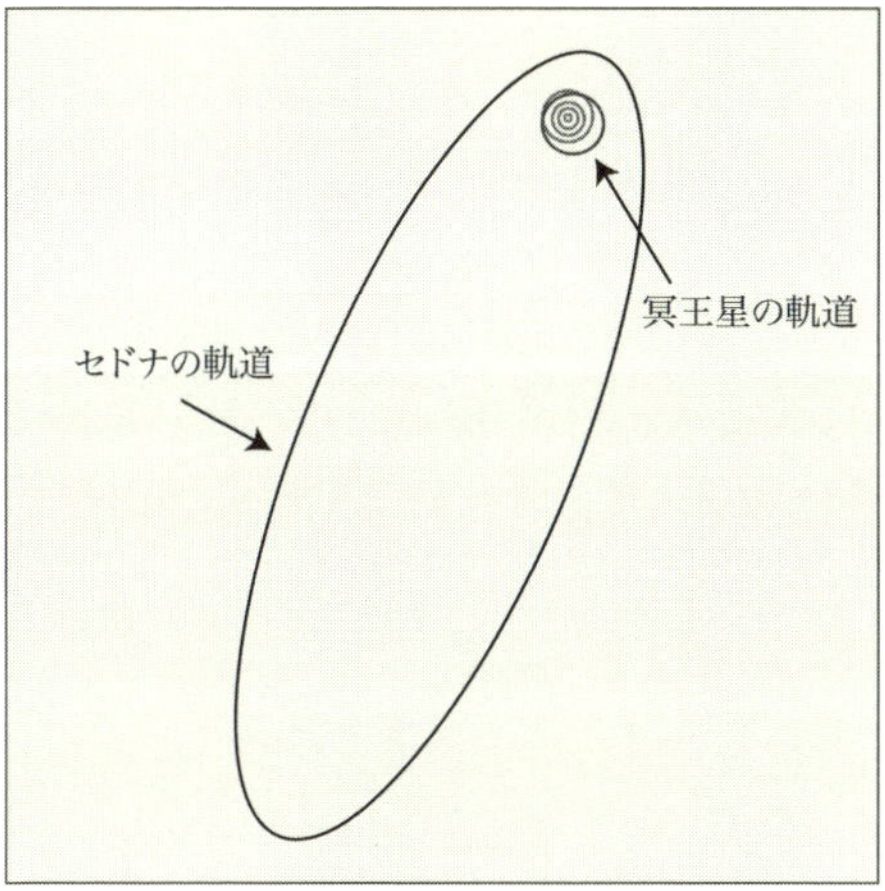

図４・９　非常に扁平な軌道を描くセドナ
約１万年で公転する

表４・２　大型ＫＢＯ

番号	固有名	発見年	絶対等級	平均距離 (au)	直径 (km)	質量 (10^{20}kg)	衛星
136199	エリス	2003	−1.18	67.69	2400	150	1
134340	冥王星	1930	−0.70	39.44	2300	130	5
136472	マケマケ	2005	−0.30	45.66	1300	40	
136108	ハウメア	2003	0.18	43.03	1960	40	2
90377	セドナ	2003	1.58	509.80	1800	40	
225088		2007	1.70	67	1800		
50000	クァオア	2002	2.67	43.58	890	10	
90482	オルクス	2004	2.30	39.17	820	6.2	

二．大彗星列伝

陰陽師による彗星の古記録

長い尾を引きながら天空を駆けていく彗星は、古代より私たちに驚異とそして感動を与えてきました。彗星の「彗」はほうきの意であり、英語の comet は長い髪の星という意味です。彗星は洋の東西を問わず飢饉や戦乱のもとになると恐怖の的でした。その姿は「ほうきに乗った魔女」を彷彿させたことでしょう。

わが国最古の彗星出現記録は、『日本書紀』によると舒明六年（六三四年）のことです。当時、唐と国家間交流が始まり、遣唐船によって天文知識が輸入され始めたころです。それから五〇年後「天武十三年秋七月二十三日壬申、彗星西北に出づ。長さ丈余」、六八四年九月七日に彗星が現れ、尾が一〇度以上も伸びて見えた、という短文はわが国最初のハレー彗星出現の記録です。

平安時代には陰陽師たちが業務として観測に励み、天変の記録を書き記したためか、彗星の記録が増えてきます。ハレー彗星が地球に最も近づいたのは八三七年であり、『旧唐書』や『続日本後紀』に、彗星は東南の空から天空まで延びていた、一夜で九〇度も移動したと記されています。また安倍晴明が天文博士に在任中の九八九年夏に起こった彗星出現については『日本紀略後編九』に「永祚元年六月一日庚戌、其日彗星見東西天」という記載があり、九八九年七月六日のことです。

また『諸道勘文《しょどうかんぶん》※　四十五』には「永延三年七月十三日彗星見東方、経数夜、長五尺許」と記されており、これは同年八月一六日のことです。

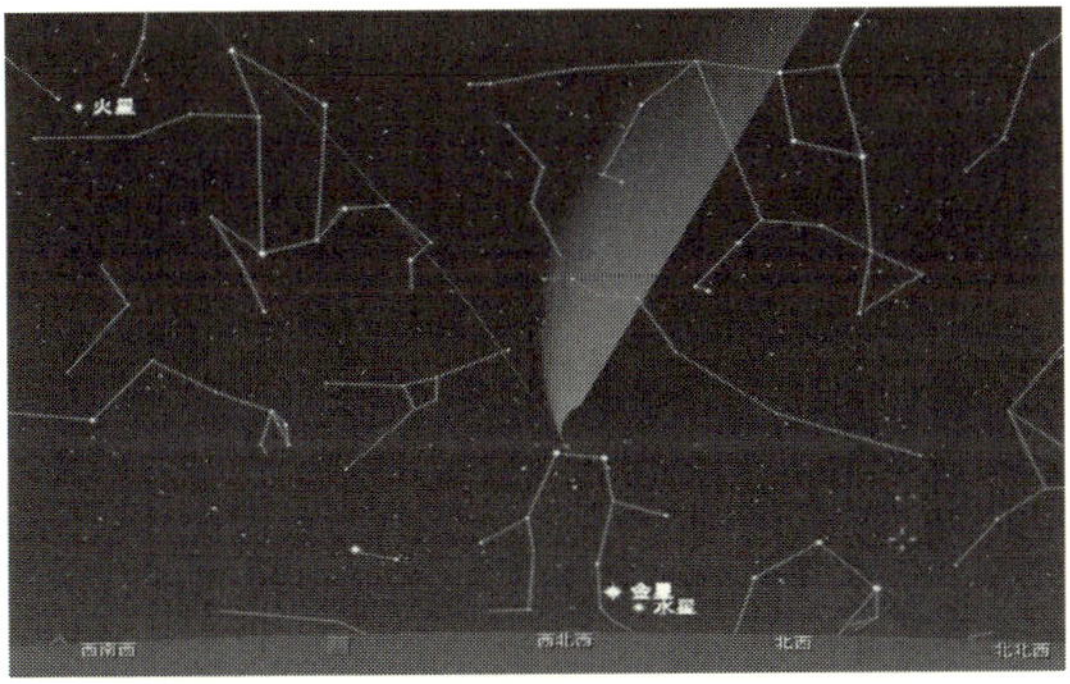

図４・10　1145年５月15日のハレー彗星
（株式会社アストロアーツのステラナビゲータ使用）

実はこの年、永延三年は八月に永祚元年と改元されましたが、それは彗星の出現のためということが『扶桑略記《ふそうりゃっき》』に記されています。彗星が現れたために行われた改元はその後にも一〇九七年（永長⇩承徳）　一一〇六年（長治⇩嘉承）、一一一〇年（天仁⇩天永）、一一四五年（天養⇩久安）などがあります。ヨーロッパほどではないとしても、やはり長い尾を天空に引く彗星は不吉な兆し・恐怖の的だったようです。晴明が彗星を観測したという記録は残されていませんが、天文博士がこの天変に知らん顔とは到底考えられません。この彗星は明らかにハレー彗星です。

※諸道勘文
諸道の専門家が行う報告書。

この年の夏の天象を再現してみると七月初旬に日の出前、東天のおうし座に現れ、次第に東北へ移っていき、下旬にはふたご座に移ります。八月中旬より足を速め、下旬には太陽より早く昇り遅く沈みますから、日の出前にも日没後にも、しし座の北に眺められたことでしょう。そして彗星の長い尾は地球まで届いていたでしょう。その後は、日没後の西の空、おとめ座に見えたはずです。九月六日近日点通過のころは地球からは離れて行くところでした。中国の記録では九月一〇日には見えなかったそうです。

一一四五年のハレー彗星出現は、左大臣藤原頼長（一一二〇～一一五六）が日記『台記』の中で非常に詳しく書き留めています。藤原頼長といえば保元の乱の首謀者で、敗れて父からも見放され三六歳で非業な死を遂げます。この乱で藤原摂関家の勢力は後退し、平氏が政治の表舞台に出てくる結果となり、彼はその後もずっと謀反人との烙印を押されていますが、それは勝者の勝手な言い分です。博覧強記の天才であり早熟少年の彼は一四歳で正二位権大納言、一六歳で内大臣、そして二九歳で従一位左大臣という超スピード出世を遂げ、その苛烈で妥協を知らない性格により悪左府と呼ばれました。その彼が天文学に重要な貢献をしたのです。兄・忠通と争いながら出世街道驀進《ばくしん》中の二五歳のときに彗星が現われます。最初は五月三日、天文権博士、安倍晴道（安倍晴明より五代の孫）から報告を受け、その後実際に自分でも見ています。初めは明け方東天に、内合の五月一四～一五日ころ最も明るく見えたようです。その後は日没後の西空に移り、曇ったり月が明るすぎたりして見えなかったこともありますが、六月下旬まで眺めていたようで、二七日には見えなかったというのが最後の記述です。仁和寺の法親王が孔雀経をあげて祈祷したが効果はなかったとも記されています。彗星出現は天養から久安へ改元が行われたほどの大事件でしたから、同世代の平清盛、西行、源義朝も当然眺めていたでしょう。彼らは彗星を眺めて何を思ったでしょうか?

中国の彗星の古記録

彗星の古記録が最も多く詳しいのは、もちろん中国です。『史記秦本紀』には彗星の記事が多く、刺龔《しきょう》公十年、躁《そう》公元年(BC四六七)、さらに始皇帝の曽祖父である昭 襄《しょうじょう》王の時代(BC三〇〇年ごろ)に出現の記載がありますが、これらはハレー彗星ではないようです。始皇帝時代には天文記録、特に彗星出現記録が非常に多く、これらを時代順にたどってみると、

・七年(BC二四〇年)彗星がまず東方に出て、ついで北方に現われ、五月西方に現われた。…(中略)…彗星がまた西方に現われた。

・九年(BC二三八年)彗星が現れ、ときに天空いっぱいに広がった。…(中略)…彗

星が西方に現われたが、ついでまた北方に現われ、北斗星から漸次南に移ること八〇日間であった。
・十三年（BC二三四年）…（中略）…正月、彗星が東方に現われた。
・三十三年（BC二一四年）…（中略）…彗星が西方に現われた。

最も重要なのはBC二四〇年の件で、最古の確かなハレー彗星の記録といわれています。大彗星のほとんどは一度だけの来訪で二度とやって来ませんが、ハレー彗星は約七六年周期で再びやって来ます。青年時代の始皇帝（当時はまだ秦王である政）はこの凶を吉に転じようという気持ちで眺めたことでしょう。軌道を計算してみると、五月上旬に日の出前に東天に現れ、すばるの近くに見えます。その後北に向かい二五日に近日点通過し、西へ向かいペルセウス座、ぎょしゃ座を通り抜け六月初旬にふたごの北に達します。六月一〇日、地球最接近の前後には朝晩二回見えていたはずです。その後は日没後の西天に見えるようになり、しし座からおとめ座の方向に進み六月末まで見えていたはずです。

西欧の彗星の古記録

ヨーロッパではトロイ戦争時、ダビデの時代、シーザーの暗殺時に彗星らしきものが出現したという伝承があるそうですが、もちろん不確かです。アリストテレス（BC三八四～BC三二二）は彗星とは天体ではなく雲のような大気現象だと考えて、長く信じられていました。文字記録は少ないですが絵画などは残って、特にフランスのバイユー寺院の壁掛けの刺繍「バイユーのタペストリー」にある彗星の絵は有名です（図4・11）。この彗星は一〇六六年に現れ、前述の藤原頼長の記録より一周期前のハレー彗星です。当時の西ヨーロッパはかつてのギリシア・ローマ文化はとっくに忘れられ、ルネサンスはまだまだ先のこと、芸術学問には無縁の時代でした。

一〇六六年一月[※]にイングランド王エドワードの死後、王妃の弟（兄？）ハロルドが後を継ぎますが、ノルウェイ王ハードラダおよびノルマンディー公ギョームが後継者として名乗りを上げました。他国から後継者名乗りと

図4・11　彗星出現に驚くイングランド王ハロルド（バイユーのタペストリーの一部）

※一〇六六年一月　ノルマン征服の経過は、大杉耕一『見よ、あの彗星を』（日経事業出版社、一九九四年）を参照。

は奇異に感じますが、当時の西ヨーロッパにはイギリス、フランスというような統一国家はまだ成立せず、小国が合併分裂を繰り返している時代でした。イングランドは何度もデンマークやノルウェイからのバイキングに侵入され、度々その支配下に入っています。

三すくみの緊張の最中、四月下旬に大彗星が現れ、初めて見る妖しい姿にイングランドは王も兵も戦意を喪失してしまいます。しかしノルマンディーには優秀な占星術師がいたのでしょうか、構わず海峡を渡って来ました。両軍は一〇月にヘースティングで戦い、ハロルドは戦死、わずか一〇か月の在位でした。イングランド諸侯はあっさりと降伏し、ギョームは一二月二五日にウェストミンスター寺院でイングランド王に推戴され、ウィリアムと名乗ります。彼こそ征服王ウィリアム一世で、ここに英仏海峡を挟んでフランスのノルマンディー公がイングランド王を兼ねるノルマン王朝ができました（図４・12）。以降約四〇〇年間、ジャンヌダルク（一四一二～一四三一）が現れ、英仏が分離するまで両国の非常に複雑な関係が続きました。この歴史を作った影の役者はハレー彗星なのです。この刺繍はノルマンディーの戦勝の物語として作られたもので七〇メートルにもおよぶ大作です。

イングランドでは初めての彗星出現記録ですが、中国（宋）では四月二日から日本では四月三日から記録があり、四月二四日～二五日ごろ地球に最接近して明るさは金星並み、長さは一〇度あまりだったと記されています。また高麗、ビザンチンなど広く各国の歴史にも記載されています。三〇回のハレー彗星の中では二番目に明るかったものです。

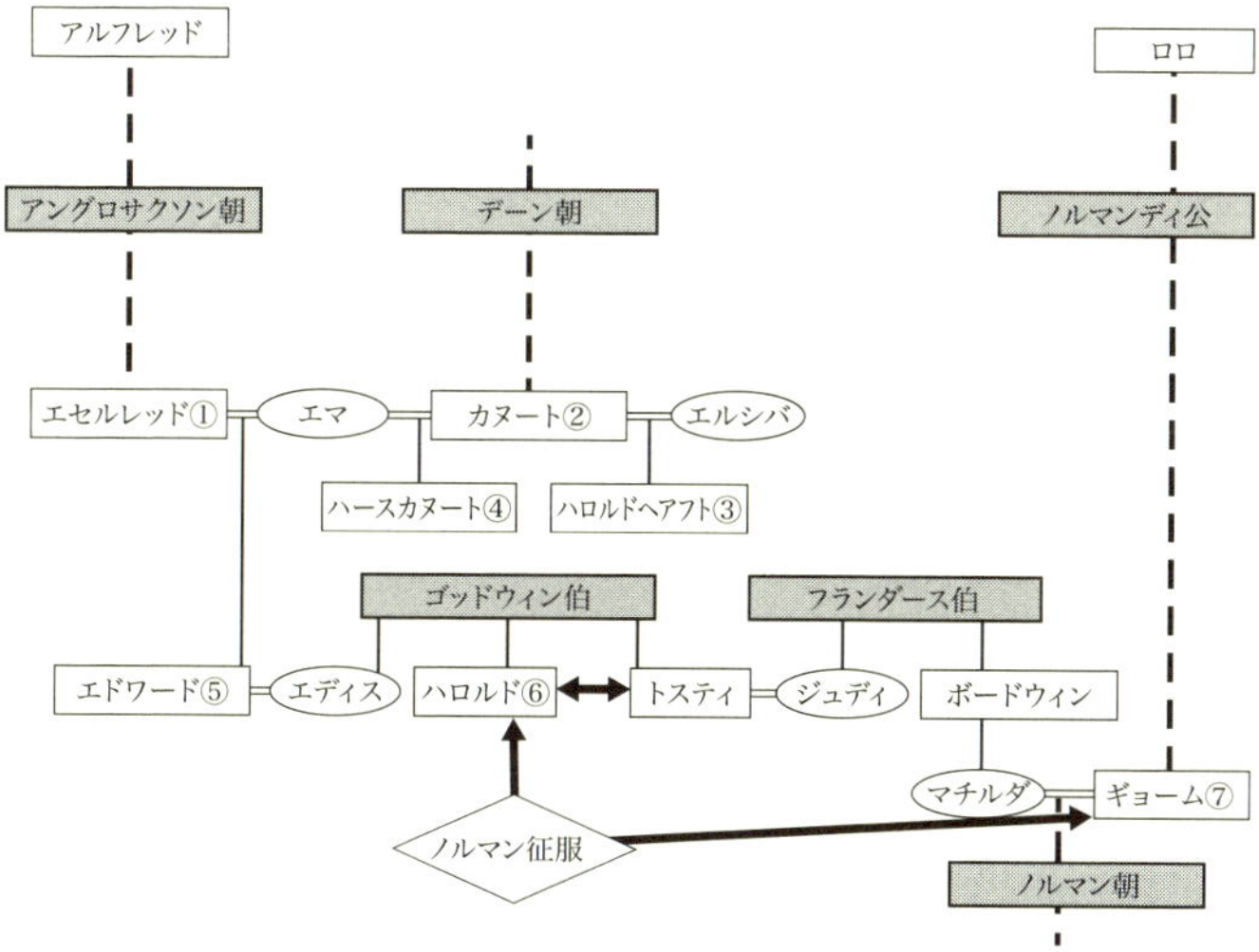

図４・12　ノルマン征服時の系図
丸数字は王位継承順を表す

この年以降ヨーロッパでは彗星出現記録が増えてきます。中世最後の大画家として有名なジオット（一二六七〜一三三七）の代表作はイエス生誕のフレスコ画です（図４・13）。赤ん坊のイエスがマリアに抱かれて、東方の博士に祝福されているという新約聖書マタイ伝に基づいた絵の上部に彗星が描かれています。当時には一二九九年一月、一〇月、一三〇一年九月、一二月、一三〇二年七月、一三〇三年七月、一三〇四年二月、一二月と多数の彗星出現の記録があり、一三〇一年九月の彗星はハレー彗星です。彼が描いた彗星はどれかわかりませんが、頻繁に現れる彗星を見て「ベツレヘムの星」※

※ベツレヘムの星
第二章第四節に詳説。

図4・13　東方の三博士の礼拝（ジオット作）

とは彗星であると思っていたのでしょう。前回一九八六年の三月のハレー彗星に突入して直接観測した彗星探査機はこの画家にちなんでジオットと名づけられました。

そののち、一五七七年の大彗星（図4・16、表4・3参照）をティコ・ブラーエ（一五四六～一六〇一）が詳しく観測した結果、視差が認められず月より遠いということがわかり、ようやくコメットは天体と認められて天文研究の対象となりました。

最も有名な彗星であるハレー彗星はエドモンド・ハレーが発見したのではありません。彼は古い出現記録を調べ、一五三一年、一六〇七年、一六八二年に出現した彗星の軌道がよく似ていることに気づき、ニュートン力学に基づいた計算から、この彗星が再び一七五八年に回帰することを予言しました。ハレーはそれを見ることなく、八六才の高齢で亡くなりましたが、一七五八年には、プロ・アマを問わずヨーロッパ中の天文家の間で発見競争が繰り広げられました。秋になっても冬になっても現れず、だれもがやきもきしましたが、やっとクリスマスの明け方になってドイツのアマチュア天文家、パリッシュが見つけました。メシエは第一発見者にはなれませんでしたが、翌年一月二一日に単独に見つけています。この事件はただ彗星の発見競争ということに留まらず、ニュートン力学が土星の彼方まで適用できるということの証明であり、科学史上、非常に重要です。

これによって彗星は「不吉な放浪星」でなくなり、この次のハレー彗星回帰時（一八三五年）には世界各地で詳細観測が行われました。わが国にも一八世紀末には蘭学として西洋天文学が輸入され、幕府天文方で観測が行われて、もはや天変ではなくなりました。ただしその次一九一〇年五月の回帰では、ちょっとしたパニックが起こりました。「彗星は太陽と地球の間に入り込み、五月一九日には地球は尾の中に入る。尾の中にある有毒ガス※のため、地上の生物は全滅する」こんなデマが世界中に広まり、人々はガスマスクや自転車のチューブを買いあさり、あるいはこの世の最後と妖しげな祈祷師やパーティ興行屋が暗躍したそうです。もちろん当日何も起こりませんでした。ただし、この事件は後になって

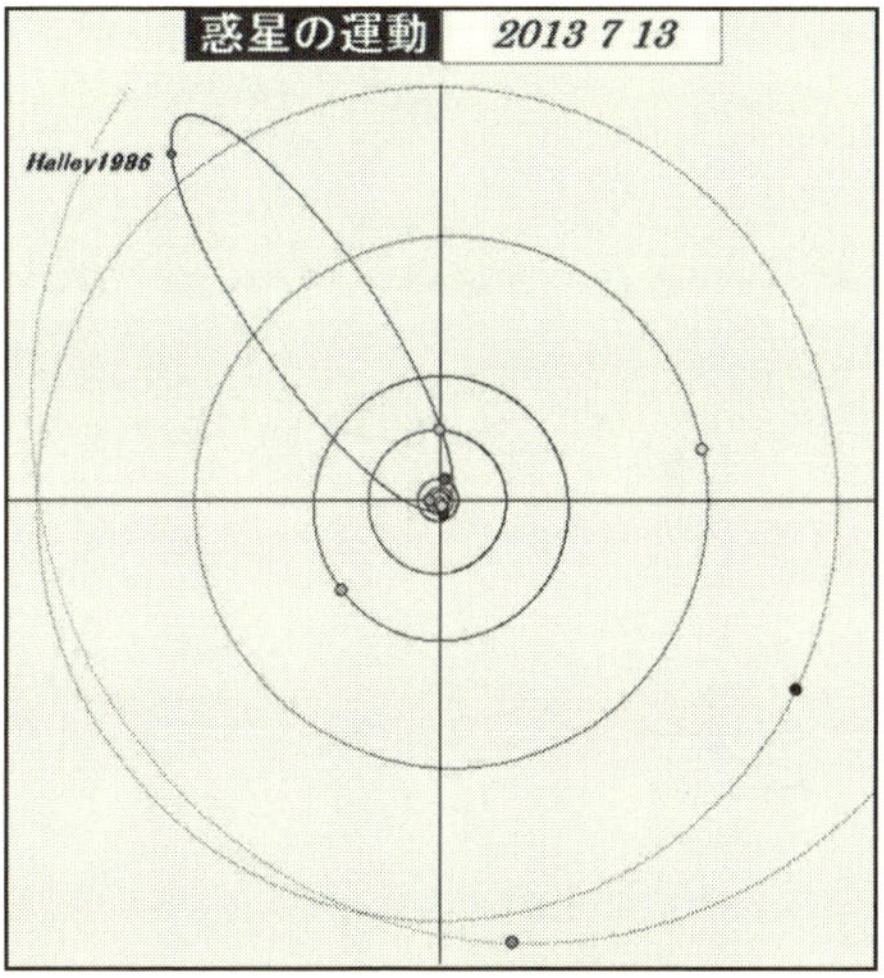

図４・14　ハレー彗星の軌道

※有毒ガス
彗星に発見されたシアンのことを指す。

誇大に報道されたようで、当日大阪の新聞では彗星を眺めている人たちの写真の載った記事が見られ、みんながこの世の最後とは思っていなかったようです。

大彗星は一般に一度だけの来訪で、過去に到来の記録はなく、将来再び戻って来ることもないでしょう（もしくは人類滅亡後）。ハレー彗星は大型周期彗星として貴重な例外なのです。

彗星の正体

彗星の写真を見ると長い尾に引きつけられますが、本体は頭部に潜んでいる核なのです。核と言っても「核分裂」「核発電」の核とは無関係で、中心部という本来の意味です。せいぜい一〇キロメートル程度の雪の塊ですが、雪と言っても降りたてのさらさらしたきれいな雪ではなく、メタン、ドライアイス、アンモニア、鉄などを含んだ「汚れた雪だるま」、いわば冷凍有毒品です。太陽から離れているときは核のみで、小惑星と見分けがつけられませんが、太陽に近づくと太陽の熱によって核の内部から噴出した氷やダストが解凍、昇華してコマ（coma：コメットと同じく髪の毛の意味）といわれる頭部を形成します。コマのガスは太陽に吹き流されて尾となるのですが、「イオンの尾」「ダストの尾」と呼ばれる二種類の尾ができます。イオンの尾はコマのガスが太陽の紫外線でイオン化したもので、写真で見ると青く見えます。太陽風にともなう磁場の影響で、太陽とは反対の方向にほぼ一直線に吹き流されています。一方、ダストの尾は白、または黄色っぽい色で、太陽の引力と太陽からの光の圧力（光圧：太陽の反対側に向かう力）の二つの力を受け、少しカーブしながら広がっています（図4・16〜4・20参照）。尾の長さ※は、ときには太陽から地球までの距離（一・五億キロメートル）を越えることもあります。

※尾の長さ
一九九六年に現れた百武彗星の尾は、五億キロメートルにも達した。

彗星は公転周期によって二種類に分けられます。公転周期が二〇〇年以下のものは短周期彗星と、それ以上のものおよび非周期のものは長周期彗星と呼ばれます。短周期彗星の大部分は貧弱で望遠鏡なしではとても見えません。それらの軌道は一般に扁平な楕円で金星から木星辺りまでを数年かかって公転しています。例外的に大型の短周期彗星であるハレー彗星は金星の内側から海王星の外側までを八惑星とは逆方向で公転しています。一方、長周期彗星はコメットハンターたちによって毎年、新たに発見されています。ほとんどの大彗星は長周期彗星であり、ヘール・ボップ彗星もアイソン彗星も二度とあらわれないでしょう（もしくは数万年以上かけて公転しているのかもしれません）。その軌道はほぼ放物線で、黄道面と垂直の運動（ヘール・ボップ彗星）や、八惑星と逆回りの運動（百武彗星）も珍しいことではありません。

彗星の誕生の場として、オールトの雲とエッジワース・カイパーベルトが考えられています。オールトの雲は、数十万天文単位の彼方に広がる球殻状の領域と考えられていますが、

図4・15　エッジワース・カイパーベルトとオールトの雲

観測的に存在が確認されているわけではありません。そこは暗黒極寒の世界で、惑星になれなかった太陽系の原物質や木星・土星などによって跳ね飛ばされた小惑星が漂っていることでしょう。恒星が近くを通りかかったり、太陽系が銀河面を上下したりすることによって、オールトの雲の中にある天体が重力的に揺さぶられたりして、太陽めがけて落ちてくると考えられています。

　エッジワース・カイパーベルトは海王星の外側、太陽から数十天文単位あたりにドーナツ状に広がった領域で、短周期彗星の遠日点が多数あります。一九九〇年代以降多数の天体が見つかり、エッジワース・カイパーベルト天体（KBOまたはEKBO）と呼ばれています。冥王星は大型KBOの一つです（一五一ページ参照）。エッジワース・カイパーベルトは外側ほど厚みを増し、球殻状のオールトの雲とつながっているようです。

　彗星の中には長旅の途中、太陽や惑星と衝突して消滅するものも少なくありません。木星に突入した例は一九九四年七月のシューメーカー・レヴィ第九彗星が有名ですが、私たちが気づかなかったものはもっとありそうです。太陽に大接近して分裂した例はイケヤ・セキ彗星（一九六五年）です。太陽表面からわずか約四五万キロメートル（太陽直径の約三分の一）のところを通過し満月より明るくなりましたが、そのため三つに分裂しました。またラヴジョイ彗星（二〇一一年）の近日点はなんと一三万キロメートルという至近距離でしたが、生き延びて大彗星に成長しました。このように太陽表面をかすめるような彗星はサングレイザーと呼ばれ、最近では太陽探査衛星ＳＯＨＯが多数見つけています。発見されるのは近日点通過の少し後になって急激に明るくなり、潮汐力で崩壊しないものに限られるので、実際には気付かれなかった彗星がたくさんあるでしょう。

コマや尾はすべて彗星の核からの噴出物ですから、彗星は太陽系空間に自分自身を細かく千切ってまき散らしながら運動しているわけです。まき散らかされた星屑は彗星と同じ軌道を回りますが、地球がその近くを通り過ぎるとき一斉に落下してきます。それは流星群※と呼ばれる現象で、毎年夏休みの夜空を飾るペルセウス座流星群や秋の終わりを告げるしし座流星群は、雨のように降り注いだという記録があります。二〇〇一年一一月一九日未明のすばらしいしし座流星雨のことはまだ筆者の網膜に焼き付いています。彗星は太陽に近づくたびにやせ細っていき、やがては老いて水分を失った小さな塊と化していくでしょう。

※流星群
ペルセウス座流星群、しし座流星群の母彗星は、それぞれスウィフト・タットル彗星、テンペル・タットル彗星である。

史上最大の大彗星は

一九九〇年代には百武彗星（一九九六年）、ヘール・ボップ彗星（一九九七年、図4・18）などの大彗星が続けて観られましたが、今世紀になってからの大彗星はマックノート彗星（二〇〇七年、図4・19）、ラヴジョイ彗星（二〇一一年）の雄姿は北半球からは見えませんでした。彗星の明るさの予測は難しく、コホーテク彗星（一九七三年）やオースティン彗星（一九九〇年）は期待通りにはいかなかった幻の大彗星として有名です。太陽からの距離、地球までの距離は計算できますが、それ以外に太陽光を彗星表面でどれだけ反射するのかが不明で、特に初めてやって来る彗星では氷や水分をどれだけ含んでいるか全くわからないので、その明るさを推算することは非常に困難です。

Yeomans のページには歴史上の大彗星がまとめられおり、そのうちからマイナス三等より明るかったものを表4・3に載せました。可視日数とは観測できた日数で、昼間でも見えた記録のある彗星には＊印がついています。

史上最大の彗星は一五七七年の彗星（図4・16）とも一八八二年の彗星とも二〇〇七年のマックノート彗星（図4・19）と言われていますが、それらをさらに上回る大彗星はいつ来るのでしょうか。

図4・16　ティコの彗星（1577年）

図4・17　クリンケンベルク彗星（1744年）

図４・18　ヘール・ボップ彗星
（1997 年）

図４・19　マックノート彗星
（2007 年　藤井旭 提供）

表４・３　歴史上の大彗星

近日点通過日	等級	可視日数	備考
837年 2月28日	−3	39	ハレー　尾が90°
1402年 3月21日	−3	70*	尾が100°
1472年 3月 1日	−3	59	
1577年10月27日	−3	87	ティコが観測　図4・16
1744年 3月 1日	−3	110*	クリンケンベルク彗星　図4・17
1843年 2月27日	<−3	48*	
1882年 9月17日	<−3	135*	近日点通過後に分裂
2007年 1月12日	−6	25	マックノート　図4・19

Column 4

彼岸

昔から「暑さ寒さも彼岸まで」といわれて、秋分のころには夏の暑さも和らぎ秋の訪れを感じるころになりますが、秋分の日とはどういう日なのか案外知られていないようです。

春分・秋分の日には、

①昼と夜の長さが同じになる

②太陽は真東から昇り、真西に沈む

③春分・秋分の日の決定は国立天文台で行われる

…実はこれらはすべて間違いです。

①暦をみれば、二〇一三年の秋分の日に、日の出から日の入りまでは京都では一二時間八分で、昼夜の時間が同じになるのは四日後です。そのわけは「日の出は太陽の先端が見えたとき、日の入りは太陽の先端が隠れたとき」という定義のためです。実際、太陽の中心や下端が地平線という瞬間の時刻を測ることは不可能に近いです。また地球大気の屈折のため、太陽に限らず地平線辺りのものは浮き上がって見えます。その角度は〇・五度で、ほぼ太陽の見かけの直径です。したがって地平線下の太陽でも見ることができるわけで、日

の出から日の入りまでは一二時間を越えます。昼夜がともに一二時間となるのは春分の数日前、秋分の数日後になります。

②方向のずれはわずかで、実用上は真東・真西と考えても差し支えありませんが、秋分の瞬間が昼間なら日の出は東よりやや北寄り、日の入りは西よりやや南寄りです。秋分は一瞬の出来事で、朝は秋分前でまだ夏の名残、夕は秋分後ですでに冬の兆しということなのです。秋分の瞬間が日の出前なら、ともに方向は南寄りで、逆にその瞬間が日の入り後なら、ともに方向は北寄りということになります。さらに前項の出没の定義により太陽の見かけ上の位置は北寄りになります。

③地球から見て太陽が天球を一年で一周する間に、春分点を通過するのは一瞬ですが、その瞬間を含む日が春分日であり、秋分点を通過する瞬間を含む日が秋分日です。国立天文台が算出した結果に基づいて、春分の日・秋分の日が閣議で決定され、それが官報によって告示されます。

秋分の日は、一九八〇年以降は九月二三日でしたが、固定されているわけではありません。二〇一二年以降しばらくは四年ごとに二二日になります。

「彼岸」とは春分の日・秋分の日を中日として前三日・後三日の計七日間を指しますが、元来はあちら（彼方）の岸、すなわち煩悩のない、涅槃の世界という仏教用語です。亡くなった先祖たちの霊は「彼岸」に住んでいるということから、「彼岸に墓参り」と言う習慣ができました。春秋の先祖供養は西方浄土と結びつけて説明される場合が多いですが、上記のことをまとめて考えてみると、仏教の行事というより太陽信仰時代からの習慣のようにも思えます。

同様に夏至とは太陽が夏至点を通過する瞬間を含む日で、この瞬間太陽は最も北に位置し、したがって太陽高度は最高で、影は最短になります。昼間の時間は夏至の前後数日は変わりません。また日の出が最も早い日は夏至の一週間前あたり、最も日の入りの遅い日は夏至の一週間後あたりです。冬至についても同じようなことが言えます。詳しい日時は国立天文台天文情報センター暦計算室のサイト（http://www.nao.ac.jp/koyomi/）をご覧ください。

二十四節気の算出は筆者のページ（http://www.kcg.ac.jp/kcg/sakka/koyomi/shunbun.htm）より求められます。

エピローグ　大彗星到来

想い出の大彗星

筆者が美しい彗星として今でもありありと想い出すことのできるのは、ウェスト彗星です。その姿は、ほうきに乗った魔女ではなく、長い髪をたなびかせて天空を飛んでいく曙の女神オーロラそのものでした（もちろん魔女も女神オーロラも知りませんが）。

時は一九七六年三月六日未明、場所は岡山県西部の竹林寺山頂、すなわち国立天文台・岡山天体物理観測所でした。この観測所は全国の研究者の共同利用施設であり、筆者たちもその数年前から、とある銀河の中心域の分光観測に使用させてもらっていました。

三月五日の夜はまずまずの観測日和で、空が白んできたので観測を終えました。片づけに入ったときに目に入ったのは、東の空を覆う大彗星！　実は彗星出現のことは知らなかったのです。当時インターネット情報というものは存在しないから、新天体ニュースは専ら天文電報※に頼っていました。そのとき電報を見ていなかったというより、正直言って「太陽系天体なんてもうほとんど解ってしまっているではないか、新彗星なんて毎年何個も来るではないか、これからは銀河の中心核、クェーサーこそ研究の中心にすべきだ」と生意

※天文電報
国際天文連合が発行し、当時は彗星や新星などの新天体発見・光度変化を世界中に伝達するなど活躍していた。

気なことを考えていたものです。

ところがこのとき、腕の見えない銀河より尾の見える彗星のほうがずっと見ごたえがあるという当たり前のことを実感しました。彗星の光を望遠鏡に通さず、しばらく生の姿をボーっと眺めていました（彗星を見るには望遠鏡は不要で、双眼鏡があれば十分です）。このときはカメラの準備をしていなかったので、彗星の姿は写真乾板ではなく自分の網膜に焼き付けました。たしかコマが左に、尾は右方に三〇度、いや六〇度も伸びていたように思えましたが、これは定かではありません。というより逃した魚はなんとやら……記憶は増幅され美化されるものです。今、ウェスト彗星を検索すると懐かしい彗星写真と再会できますが、向きは逆で尾はもっと短いようです。

図 4・20　ウェスト彗星（1976 年）

この日は天文台での観測最終日だったので、京都に帰って翌朝から三脚・望遠レンズ・微光天体用高感度のSSSフィルムなどをそろえて、何日か近くの公園で待機していたものの、曇天と寝過ごしでロクな写真は撮れませんでした。物的証拠は何も残りませんでしたが「まぁいいか、生で見たんだから」と言い聞かせて脳裏にしまいこんであります。女神オーロラは放物線軌道を描くから、あのときの来訪は最初で最後であり、もう二度と現れることはありません。

ベネット彗星（一九七〇年）が来たころは太陽系天体には関心がなかったし、オースティン彗星※（一九九〇年）には裏切られたし……。スリムな百武彗星（一九九六年）、力強いヘールボップ彗星（一九九七年）はゆっくり鑑賞できましたが、女神オーロラにはかないません。もう死ぬまでこんな大彗星と出会わないだろう、いやそんな美しい彗星があるはずがないと思っていますが、ひょっとしたら今年の一二月には……と期待しています。

二〇一三年の天変

二〇一三年は大彗星の年になると予測されていました。三月～四月にはパンスターズ彗星（C/2011 L4）が一一月～一二月にはアイソン彗星（C/2012 S1）が来訪し、雄大な姿を見せてくれるだろうと期待されました。大彗星にはよくあることですが、この彗星の軌道は惑

※オースティン彗星
一九八九年に発見された彗星で、一九九〇年に明るくなると期待されていたが、4等級程度にとどまった。

星軌道面にほぼ垂直で放物線軌道なので、来訪は初めてで、今後永久に見られません。

パンスターズ彗星は三月一〇日に太陽に最も近づきました。三月下旬から四月にかけて日没後の西の空と日の出前の東の空、朝夕二回見られるはずですが、高度は低いです。

図 4・21　北アルプス上のパンスターズ彗星
右は剣岳、左は鹿島槍（大西浩次 提供）

最輝時のころには〇等～マイナス二等になるとも言われ、二月に南半球では雄姿を見せてくれたので、三月中旬以降日本でもと期待していましたが、クリアな空でないと見られませんでした。

　またアイソン彗星は、史上最大級に成長し一一月二九日の朝四時（日本標準時）ごろには太陽中心から約一九〇万キロメートル（太陽半径の約三倍）まで大接近すると予告されました。このときは眩しすぎて地上からの普通の観測はできず、太陽コロナ観測衛星ＳＯＨＯ、

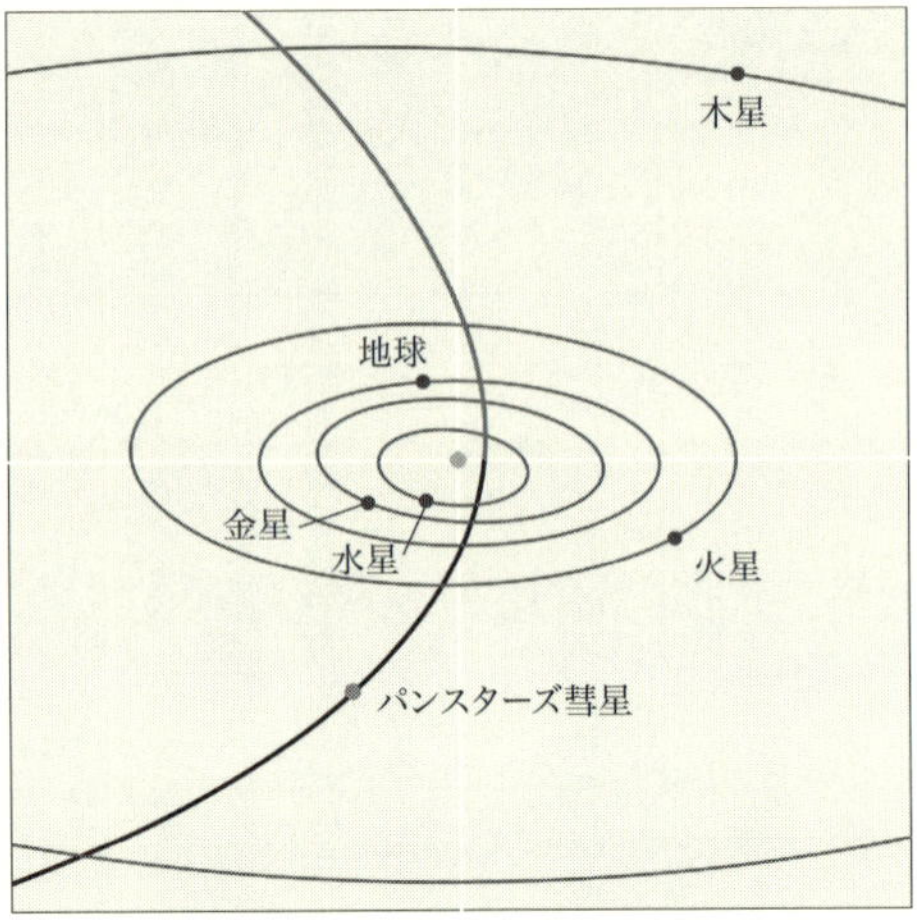

図 4・22　パンスターズ彗星の軌道

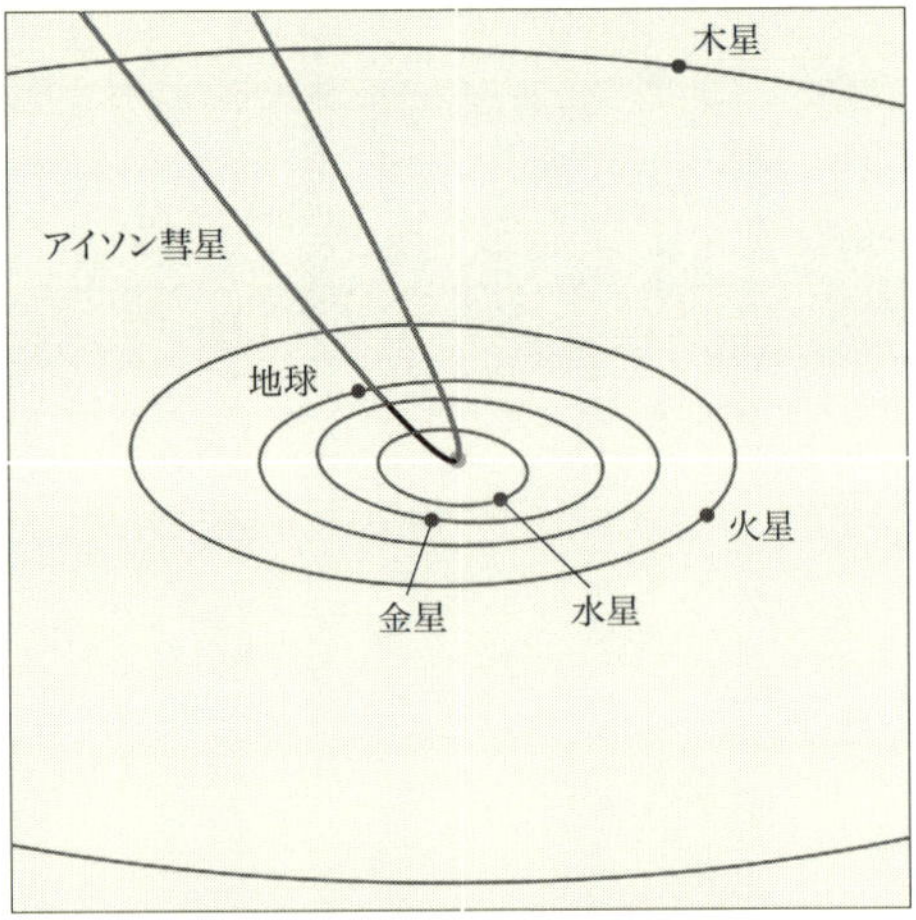

図 4・23　アイソン彗星の軌道

ＳＴＥＲＥＯなどに頼ることとなります。近日点を過ぎて一二月初旬の最輝時にはコマは満月くらいになるかもしれない、尾はさそり座の西部あたりから北上し、へび座に達し、わが国からも日の出前の東天に長い尾を引いた雄姿が眺められると期待されていました。ただしサングレイザーに属する彗星によくあることですが、果たして蒸発せずに分裂せずに生き延びられるかどうか不安もありました。

その結果は……アイソンの画像はリアルタイムで配信されていましたが、突如消滅したのです。アイソンは太陽の熱に耐えきれなかったのです。サングレイザーということで期待され過ぎたのは気の毒でした。もう二度と訪れて来ることはありません。わずか一年間でしたが、世界中に夢と期待を与えてくれたアイソン。フェイスブックは炎上し、アイソンを悼む川柳・狂歌が多数飛び交い、筆者も駄作を贈りました。

もろともにあはれと思へアイソンの
　身を焦がしつつ飛び尽き果てぬ

もちろん百人一首第六六番、前大僧正行尊《さきのだいそうじょうぎょうそん》から拝借したものです。

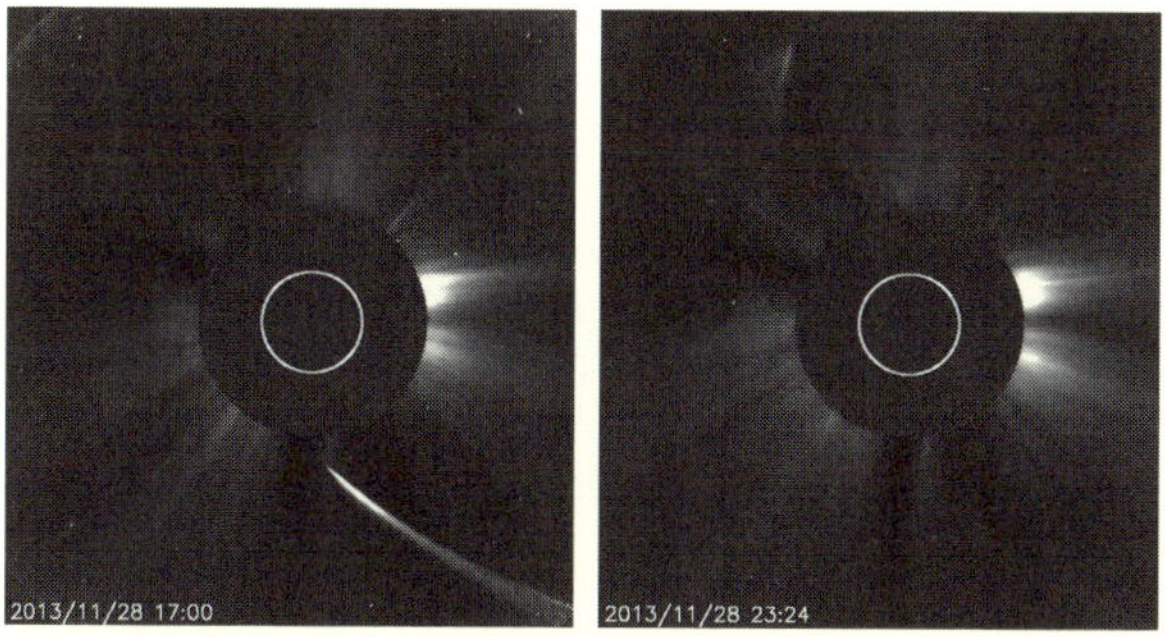

図４・24　SOHOによる、太陽最接近の前（左）と後（右）のアイソン彗星
時刻は世界時（＝日本標準時－９時）（©NASA、SOHO）

おわりに

古天文学という言葉はいつごろから使われ始めたか不明ですが、有名にしたのは斉藤国治氏の著書『星の古記録』（岩波新書、一九八二年）、『古天文学』（恒星社厚生閣、一九八五年）、『宇宙からのメッセージ』（雄山閣、一九九五年）でしょう。それらに書かれている安倍晴明の見た天変、漢初に起こった五星聚井について自分でも計算してみようとしたのが、私が古天文学への出会いでした。『宇宙からのメッセージ』に古天文学とは「古い天文学」ではなく「古天文の学」であると記されており、主に天文史料を再現するという天文学と歴史学の融合分野です。

千年の都、京都は文化遺産の宝庫であり、天文学の分野においても、貴重な記録や史跡がたくさんあります。NPO花山星空ネットワークでは二〇一一年春より京都の天文史跡をめぐる「京都千年天文街道ツアー」という活動を始めました。「明月記コース」「花山コース」「神楽岡コース」「暦合戦コース」という四コースを設け、天文ゆかりの地を散策しながらミニ天文講演を実施しています。そのいずれのコースにも登場するのが安倍晴明で、あらためて彼の偉大さを感じます。また百人一首、平家物語、寺社由来書の中からも天文の話題を引き出して紹介しています。参加者は小学生からシニアまでの歴史愛好家が多く、平安京の散策と天変の解読をエンジョイしてもらっています。

二〇一二年は金環日食を記念して京都大学で「京大日食展」が開かれ、また古事記成立一三〇〇年を記念して大和郡山市で「古事記一三〇〇年紀事業」が開かれました。これらの行事に参加して、天文と歴史との融合に違和感はなくなりつつあり、さらに芸術、宗教、なども加わって情報産業、観光事業との連携のもとに新たな展開が期待されると確信しました。私たちもそのような運動の一端を担いたいと考え、本書がそのお役にたてば幸いです。

著者

二〇一三年一〇月

参考文献

■参考文献

斉藤国治『星の古記録』（岩波新書、一九八二年）

――『古天文学』（恒星社厚生閣、一九八九年）

――『宇宙からのメッセージ』（雄山閣、一九九五年）

荒木俊馬『天文年代学講話』（恒星社厚生閣、一九五一年）

長谷川一郎『ハレー彗星物語』（恒星社厚生閣、一九八五年）

作花一志・中西久崇『天文学入門』（オーム社、二〇〇一年）

京都文化博物館ほか編『安倍晴明と陰陽道展』（読売新聞社、二〇〇三年）

作花一志・福江純編『歴史を揺るがした星々』（恒星社厚生閣、二〇〇六年）

吉田誠一・渡部潤一『大彗星、現る。』（ＫＫベストセラーズ、二〇一三年）

■天文ソフト、天文ＷＥＢサイト

ステラリウム（フリーソフト）

ステラナビゲータ（株式会社アストロアーツ）

Emapwin（フリーソフト）

国立天文台天文情報センター暦計算室　http://www.nao.ac.jp/koyomi/

日食・月食・星食情報データベース　http://www.hucc.hokudai.ac.jp/~x10553/

NASA　Eclipse Web Site　http://eclipse.gsfc.nasa.gov/eclipse.html

アストロアーツ　http://www.astroarts.co.jp/

古事類苑（天部）

http://ys.nichibun.ac.jp/kojiruien/index.php?%E5%A4%A9%E9%83%A8

著者紹介

作花一志（さっか かずし）

1943年、山口県生まれ。京都大学理学研究科修了 理学博士。
京都情報大学院大学教授。
専攻は古天文学・統計解析学。
歴史に残された天文記事を計算で再現し、過去から未来の惑星直列や
小惑星ニアミスなどを調べている。
また、天文教育普及研究会にて編集委員長を長く務めた。
共著書『歴史を揺るがした星々』（恒星社厚生閣）、
『Excelで学ぶ基礎数学』（共立出版）など。
http://www.kcg.ac.jp/kcg/sakka/

天変の解読者たち

2013年11月15日 初版第1刷発行
2018年 3月31日 第2刷発行
2020年 5月20日 第3刷発行

著　者　作花 一志
発行者　片岡 一成
印刷・製本　株式会社シナノ
発行所　株式会社恒星社厚生閣
〒160-0008 東京都新宿区四谷三栄町3-14
TEL 03（3359）7371（代）
FAX 03（3359）7375
http://www.kouseisha.com/

ISBN978-4-7699-1466-2 C0044

（定価はカバーに表示）